技工院校"十四五"规划数字媒体技术应用专业系列教材
中等职业技术学校"十四五"规划艺术设计专业系列教材

短视频创意与制作

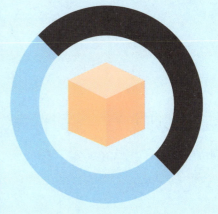

劳小芙 何淦 胡蓝予 朱良 杨洪亮 主编
龚芷月 黄嘉莹 吴立炜 张丹 岳修能 副主编
黄金美 邓梓艺 付宇菲 参编

华中科技大学出版社
http://press.hust.edu.cn
中国·武汉

内容提要

本教材的内容包括短视频概述、选题创意与策划、产品短视频创意与制作、人像短视频创意与制作、情景短视频创意与制作、后期制作与剪辑、短视频营销与传播。

本教材在编写体例上与工学一体化教学模式保持一致，教学内容项目化，工作任务典型化，知识和技能要求具体化。

图书在版编目（CIP）数据

短视频创意与制作 / 劳小芙等主编 . -- 武汉：华中科技大学出版社，2025.1. --（技工院校"十四五"规划数字媒体技术应用专业系列教材）. -- ISBN 978-7-5772-1605-8

Ⅰ . TN948.4

中国国家版本馆 CIP 数据核字第 2025J8T085 号

短视频创意与制作
Duanshipin Chuangyi yu Zhizuo

劳小芙　何淦　胡蓝予　朱良　杨洪亮　主编

策划编辑：金　紫
责任编辑：段亚萍
装帧设计：金　金
责任监印：朱　玢

出版发行：华中科技大学出版社（中国•武汉）　　　电　　话：（027）81321913
　　　　　武汉市东湖新技术开发区华工科技园　　　　邮　　编：430223
录　　排：天津清格印象文化传播有限公司
印　　刷：武汉科源印刷设计有限公司
开　　本：889mm×1194mm　1/16
印　　张：12.5
字　　数：368 千字
版　　次：2025 年 1 月第 1 版第 1 次印刷
定　　价：69.80 元

本书若有印装质量问题，请向出版社营销中心调换
全国免费服务热线 400-6679-118 竭诚为您服务
版权所有　侵权必究

技工院校"十四五"规划数字媒体技术应用专业系列教材
中等职业技术学校"十四五"规划艺术设计专业系列教材
编写委员会名单

● 编写委员会主任委员

文健（广州城建职业学院科研副院长）

劳小芙（广东省城市技师学院文化艺术学院副院长）

苏学涛（山东技师学院文化传媒专业部主任）

钟春琛（中山市技师学院计算机应用系教学副主任）

王博（广州市工贸技师学院文化创意产业系副主任）

余辉天（四川菌王国科技发展集团有限公司游戏部总经理）

● 编委会委员

戴晓杏、曾勇、余晓敏、陈筱可、刘雪艳、汪静、杜振嘉、孙楚杰、阙乐旻、孙广平、何莲娣、高翠红、邓全颖、谢洁玉、李佳俊、欧阳达、雷静怡、覃浩洋、冀俊杰、邝耀明、李谋超、许小欣、黄剑琴、王鹤、林颖、姜秀坤、黄紫瑜、皮皓、傅程姝、周黎、陈智盖、苏俊毅、彭小虎、潘泳贤、朱春、唐兴家、闵雅赳、周根静、刘芊宇、刘筠烨、李亚琳、胡文凯、何淦、胡蓝予、朱良、杨洪亮、龚芷月、黄嘉莹、吴立炜、张丹、岳修能、黄金美、邓梓艺、付宇菲、陈珊、梁爽、齐潇潇、林倚廷、陈燕燕、刘孚林、林国慧、王鸿书、孙铭徽、林妙芝、李丽雯、范斌、熊浩、孙渭、胡玥、张文忠、吴滨、唐文财、谢文政、周正、周哲君、谢爱莲、黄晓鹏、杨桃、甘学智、边珮

● 总主编

文健，教授，高级工艺美术师，国家一级建筑装饰设计师，全国优秀教师，2008年、2009年和2010年连续三年获评广东省技术能手。2015年被广东省人力资源和社会保障厅认定为首批广东省室内设计技能大师，2019年被广东省教育厅认定为建筑装饰设计技能大师。中山大学客座教授，华南理工大学客座教授，广州大学建筑设计研究院室内设计研究中心客座教授。出版艺术设计类专业教材180余本，拥有自主知识产权的专利技术130项。主持省级品牌专业建设项目、省级实训基地建设项目、省级教学团队建设项目3项。

● 合作编写单位

（1）合作编写院校

- 广东省城市技师学院
- 山东技师学院
- 中山市技师学院
- 广州市工贸技师学院
- 广东省轻工业技师学院
- 广州市轻工技师学院
- 江苏省常州技师学院
- 惠州市技师学院
- 佛山市技师学院
- 广州市公用事业技师学院
- 广东省技师学院
- 台山市敬修职业技术学校
- 广东省国防科技技师学院
- 广东省华立技师学院
- 广东花城工商高级技工学校
- 广东岭南现代技师学院
- 阳江技师学院
- 广东省粤东技师学院
- 东莞市技师学院
- 江门市新会技师学院
- 台山市技工学校
- 肇庆市技师学院
- 河源技师学院
- 广州市蓝天高级技工学校
- 茂名市交通高级技工学校
- 广东省交通运输技师学院
- 广州城建高级技工学校
- 清远市技师学院
- 梅州市技师学院
- 茂名市高级技工学校
- 汕头技师学院
- 珠海市技师学院

（2）合作编写企业

- 广州市赢彩彩印有限公司
- 广州市壹管念广告有限公司
- 广州市璐鸣展览策划有限责任公司
- 广州波错展览设计有限公司
- 广州市风雅颂广告有限公司
- 广州质本建筑工程有限公司
- 广州市金洋广告有限公司
- 深圳市千千广告有限公司
- 广东飞墨文化传播有限公司
- 北京迪生数字娱乐科技股份有限公司
- 广州易动文化传播有限公司
- 广州云图动漫设计有限公司
- 广东原创动力文化传播有限公司
- 佛山市印艺广告有限公司
- 广州道恩广告摄影有限公司
- 佛山市正和凯歌品牌设计有限公司
- 广州泽西摄影有限公司
- Master 广州市熳大师艺术摄影有限公司
- 广州猫柒柒摄影工作室
- 四川菌王国科技发展集团有限公司

序 言

技工教育和中职中专教育是中国职业技术教育的重要组成部分，主要承担培养高技能产业工人和技术工人的任务。随着"中国制造2025"战略的逐步实施，建设一支高素质的技能人才队伍是实现战略目标的必备条件。如今，国家对职业教育越来越重视，技工和中职中专院校的办学水平已经得到很大的提高，进一步提高技工和中职中专院校的教育、教学和实训水平，提升学生的职业技能，培育和弘扬工匠精神，已成为技工和中职中专院校的共同目标。而高水平专业教材建设无疑是技工和中职中专院校发展教育特色的重要抓手。

本套规划教材以国家职业标准为依据，以综合职业能力培养为目标，以典型工作任务为载体，以学生为中心，根据典型工作任务和工作过程设计教学项目和学习任务。同时，按照工作过程和学生自主学习的要求进行教材内容的设计，实现理论教学与实践教学合一、能力培养与工作岗位对接合一、实习实训与顶岗工作合一。

本套规划教材的特色在于，在编写体例上与技工院校倡导的"教学设计项目化、任务化，课程设计教、学、做一体化，工作任务典型化，知识和技能要求具体化"紧密结合，体现任务引领实践的课程设计思想，以典型工作任务和职业活动为主线设计教材结构，以职业能力培养为核心，将理论教学与技能操作相融合作为课程设计的抓手。本套规划教材在理论讲解环节做到简洁实用、深入浅出；在实践操作训练环节体现以学生为主体的特点，创设工作情境，强化教学互动，让实训的方式、方法和步骤清晰，可操作性强，并能激发学生的学习兴趣，促进学生主动学习。

本套规划教材由全国40余所技工和中职中专院校数字媒体技术应用专业90余名教学一线骨干教师与20余家数字媒体设计公司和游戏设计公司一线设计师联合编写。校企双方的编写团队紧密合作，取长补短，建言献策，让本套规划教材更加贴近专业岗位的技能需求，也让本套规划教材的质量得到了充分的保证。衷心希望本套规划教材能够为我国职业教育的改革与发展贡献力量。

技工院校"十四五"规划数字媒体技术应用专业系列教材
中等职业技术学校"十四五"规划艺术设计专业系列教材

总主编

教授/高级技师 文健

2024年12月

前　言

在数字媒体时代，短视频已成为最受欢迎和最具影响力的内容形式之一。无论是品牌推广、个人表达还是娱乐消遣，短视频都以其独特的魅力迅速占领了大众的注意力。本教材旨在为读者提供全面而深入的短视频创意与制作知识，从短视频的基本概念到高级制作技巧，再到营销与传播策略，帮助读者在这个快速发展的领域中脱颖而出。

本教材首先介绍短视频的概念、发展历程、特征与类型、发展动因与现状以及主要平台，这些知识点将为学生打下坚实的理论基础，帮助其理解短视频为何能在众多媒介形式中脱颖而出，并持续吸引着全球数以亿计的用户。创意是短视频成功的关键，在这一部分内容中，学生将学习如何进行选题策略的制定、创意思维的训练、目标受众的分析与定位、故事构思与脚本创作，以及风格与调性的确定。针对不同类型的短视频——产品、人像、情景，本教材将分别讲解它们的创意与制作过程。从产品定位到剧本创意，从视觉元素和语言风格的选择到发布策略的制定，再到成效评估标准的设定，每一步都将详细阐述，确保学生能够掌握专业的短视频制作流程。

优秀的短视频离不开精湛的后期制作技术。本教材将介绍剪辑理论基础与技巧、后期软件的使用与指南以及音频编辑与特效应用等知识，帮助学生提升短视频质量，打造出专业级别的作品。最后，本教材将探讨如何通过有效的营销策略、平台与算法解析、内容分发优化与推广策略、用户互动与社区管理以及数据分析与效果评估来扩大短视频的影响力。这部分内容将教会学生如何在竞争激烈的市场中获得优势，实现短视频的商业价值最大化。

本教材具体编写分工如下：龚芷月编写项目一学习任务一、学习任务二；黄嘉莹编写项目一学习任务三、学习任务四；吴立炜编写项目一学习任务五、项目二学习任务一；张丹编写项目二学习任务二、学习任务三；岳修能编写项目二学习任务四、学习任务五；劳小芙编写项目三；何淦编写项目四；胡蓝予编写项目五；朱良编写项目六；杨洪亮编写项目七学习任务一、学习任务二；黄金美编写项目七学习任务三；邓梓艺编写项目七学习任务四；付宇菲编写项目七学习任务五。

本教材适合作为技工院校及中等职业学校数字媒体技术应用专业教材，也适用于短视频创作者、数字媒体市场营销人员、广告从业者以及对短视频制作感兴趣的广大读者。通过对本教材的系统学习和实践，每位读者都能在短视频的世界里找到自己的位置，创造出触动人心的作品。让我们开始这段旅程吧！

劳小芙

2024.9.23

课时安排（建议课时 74）

项目	课程内容		课时	
项目一 短视频概述	学习任务一	短视频的概念与发展	2	10
	学习任务二	短视频的特征与类型	2	
	学习任务三	短视频的发展动因与现状	2	
	学习任务四	主要短视频平台分析	2	
	学习任务五	短视频内容分类与受众定位	2	
项目二 选题创意与策划	学习任务一	选题策略与创意思维训练	2	12
	学习任务二	目标受众分析与定位	2	
	学习任务三	故事构思与脚本创作	4	
	学习任务四	选题与内容规划	2	
	学习任务五	风格与调性确定	2	
项目三 产品短视频创意与制作	学习任务一	项目要求分析与剧本创意制作	2	10
	学习任务二	分镜头（故事板）制作与拍摄前期准备	4	
	学习任务三	完成拍摄制作与作品交付验收	4	
项目四 人像短视频创意与制作	学习任务一	项目要求分析与剧本创意制作	2	10
	学习任务二	分镜头（故事板）制作与拍摄前期准备	4	
	学习任务三	完成拍摄制作与作品交付验收	4	
项目五 情景短视频创意与制作	学习任务一	项目要求分析与剧本创意制作	2	10
	学习任务二	分镜头（故事板）制作与拍摄前期准备	4	
	学习任务三	完成拍摄制作与作品交付验收	4	
项目六 后期制作与剪辑	学习任务一	剪辑理论基础与技巧	4	12
	学习任务二	剪辑软件的使用指南	4	
	学习任务三	音频编辑与特效应用	4	
项目七 短视频营销与传播	学习任务一	短视频营销策略	2	10
	学习任务二	短视频平台与算法解析	2	
	学习任务三	内容分发优化与推广策略	2	
	学习任务四	用户互动与社区管理	2	
	学习任务五	数据分析与效果评估	2	

目 录

项目一　短视频概述
- 学习任务一　短视频的概念与发展 ……………………………… 002
- 学习任务二　短视频的特征与类型 ……………………………… 006
- 学习任务三　短视频的发展动因与现状 ………………………… 012
- 学习任务四　主要短视频平台分析 ……………………………… 016
- 学习任务五　短视频内容分类与受众定位 ……………………… 020

项目二　选题创意与策划
- 学习任务一　选题策略与创意思维训练 ………………………… 026
- 学习任务二　目标受众分析与定位 ……………………………… 032
- 学习任务三　故事构思与脚本创作 ……………………………… 036
- 学习任务四　选题与内容规划 …………………………………… 042
- 学习任务五　风格与调性确定 …………………………………… 046

项目三　产品短视频创意与制作
- 学习任务一　项目要求分析与剧本创意制作 …………………… 055
- 学习任务二　分镜头（故事板）制作与拍摄前期准备 ………… 068
- 学习任务三　完成拍摄制作与作品交付验收 …………………… 076

项目四　人像短视频创意与制作
- 学习任务一　项目要求分析与剧本创意制作 …………………… 087
- 学习任务二　分镜头（故事板）制作与拍摄前期准备 ………… 095
- 学习任务三　完成拍摄制作与作品交付验收 …………………… 101

项目五　情景短视频创意与制作
- 学习任务一　项目要求分析与剧本创意制作 …………………… 111
- 学习任务二　分镜头（故事板）制作与拍摄前期准备 ………… 122
- 学习任务三　完成拍摄制作与作品交付验收 …………………… 129

项目六　后期制作与剪辑
- 学习任务一　剪辑理论基础与技巧 ……………………………… 140
- 学习任务二　剪辑软件的使用指南 ……………………………… 146
- 学习任务三　音频编辑与特效应用 ……………………………… 156

项目七　短视频营销与传播
- 学习任务一　短视频营销策略 …………………………………… 164
- 学习任务二　短视频平台与算法解析 …………………………… 170
- 学习任务三　内容分发优化与推广策略 ………………………… 178
- 学习任务四　用户互动与社区管理 ……………………………… 183
- 学习任务五　数据分析与效果评估 ……………………………… 187

项目一
短视频概述

学习任务一　短视频的概念与发展
学习任务二　短视频的特征与类型
学习任务三　短视频的发展动因与现状
学习任务四　主要短视频平台分析
学习任务五　短视频内容分类与受众定位

短视频的概念与发展

教学目标

（1）专业能力：了解短视频的基本概念、发展历程以及发展趋势。

（2）社会能力：培养学生的信息获取能力、分析能力和批判性思维，提升学生的审美能力和创新意识。

（3）方法能力：能主动搜索和筛选高质量的短视频资源，能通过多种途径获取短视频相关知识和信息。

学习目标

（1）知识目标：了解短视频的概念、发展历程以及未来趋势。

（2）技能目标：能够运用所学知识检索及收集短视频的基础知识。

（3）素质目标：正确看待与认识短视频，培养负责任地使用社交媒体的习惯。

教学建议

1. 教师活动

讲解短视频的基本知识，并结合实际案例进行分析。引导学生进行讨论和交流，激发学生的学习兴趣。

2. 学生活动

认真聆听教师讲解，积极参与讨论和交流。利用课余时间自主学习短视频相关知识，并关注短视频行业的发展动态。

一、学习问题导入

大家好！我是小郑同学，一名职业院校新媒体广告专业的学生。我对短视频剪辑充满热情，并敏锐地察觉到短视频在新媒体领域中的巨大潜力。短视频已经成为互联网内容的重要传播形式，制作短视频也成为广大互联网从业人员的重要技能之一。因此，我立志要深入学习短视频相关知识，为将来在这个领域大放异彩打下坚实基础。

接下来，就让我们一起踏上这段充满挑战和机遇的旅程，深入探索短视频的奥秘，学习其独特的视听语言，掌握其制作技巧，为成为一名优秀的短视频创作者做好准备！今天我们先来认识短视频的概念与发展，以便对短视频有基本的认知及了解。

二、学习任务讲解

（一）短视频的概念

短视频是一种新兴的视听媒介，视频时长较短，又称手机微视频。短视频通过移动设备端进行视听信息传播，其传播时长从几秒钟到几分钟，各大新媒体平台一般要求控制在 5 分钟以内，如图 1-1 所示为抖音短视频截图，如图 1-2 所示为快手短视频截图，如图 1-3 所示为哔哩哔哩（B 站）短视频截图。其页面布局大体相同，多数为竖屏形式。

图 1-1 抖音短视频截图

图 1-2 快手短视频截图

图 1-3 哔哩哔哩短视频截图

（二）短视频的发展历程

短视频凭借其易上手、互动性强、内容个性化等特点，在娱乐、社交和陪伴方面表现出色。2016年以来，短视频市场持续增长，已成为网络视听领域的重要部分和网络营销的重点，同时也成为用户在线娱乐的首选方式。下面从四个时期来介绍短视频的发展历程。

（1）起始阶段（2011—2013年）：随着智能手机、3G网络、Wi-Fi网络逐渐普及，秒拍、美拍等视频平台开始推出简单的图片分享、生活记录功能。2011年3月，GIF快手问世，最初作为GIF动图制作软件使用。到了2013年7月，GIF快手从工具转型为短视频社区，并更名为快手，专注于记录和分享生活点滴。同年，腾讯推出短视频应用"微视"。在这一时期，各类视频应用为用户提供了新的体验，短视频开始受到关注，尽管市场规模尚未形成，仍处于发展初期。

（2）发展阶段（2014—2015年）：在这一时期，新兴的短视频内容生产和聚合平台如雨后春笋般涌现，美拍、秒拍、小咖秀等平台逐渐受到互联网用户的喜爱。从用户和流量数据来看，2014年我国移动视频用户达到3.13亿，移动视频用户占网络视频用户的比例为72.2%；到了2015年，这一数字增长至4.05亿，移动视频用户在网络视频用户中的占比高达80.4%。

（3）爆发增长阶段（2016—2017年）：随着网络流量费用的降低和内容分发效率的提升，短视频用户数量实现了规模化增长，流量红利显现，短视频行业驶入发展的快车道。2016年字节跳动推出抖音、西瓜视频等产品，引入推荐算法强化用户个性化体验。各大互联网巨头相继布局，短视频应用呈爆发式增长，用户规模快速增加。抖音、快手等短视频应用获得了资本的青睐，互联网公司纷纷布局短视频领域。其中抖音和快手成为行业的第一梯队，占据市场70%的份额，多元化和垂直化成为发展趋势。

（4）平稳转变阶段（2018年至今）：到2022年第二季度，抖音日活用户达到7亿，快手日活用户达3.47亿，短视频用户总规模达9.62亿，占网民整体数量的91.5%。短视频行业朝着内容精细化、竞争更加激烈、商业模式成熟、社交功能增强的方向迅速发展。短视频平台探索更多元化和更深层次的商业变现模式，使得自制短剧增加、用户付费意识提升。抖音、快手头部优势扩大，头条视频转型升级。

（三）短视频的发展趋势

1. 内容专精与赛道细分

短视频内容生产逐渐专业化，专业团队和MCN（多频道网络）机构的介入提升了内容质量。短视频平台将更加注重内容的质量和深度，激励内容创作者生产出具有专业水准和独到见解的作品。这一趋势不仅体现在娱乐领域，也涉及教育、医疗、文旅等多个维度。平台通过设立专项资金激励、提供创作辅导等手段，支持素人创作者持续产出高质量内容。同时，通过对题材的深入挖掘、对细节的精致打磨以及对观众需求的精准把握，内容创作者更加注重原创性和个性化表达，以满足用户多样化的需求。

2. 技术创新与智能化升级

技术进步是短视频行业发展的关键推动力。伴随着人工智能、大数据等前沿技术的持续发展，短视频平台将进一步增强其智能化程度。利用深度学习、计算机视觉等技术，平台能够实现内容的智能推送和智能剪辑，提高用户观看的效率和质量。AI短视频将成为新兴潮流，利用人工智能技术进行内容制作、剪辑和优化，使得创作过程更加高效和智能化。此外，随着5G技术的广泛应用，短视频的传输速度和画面清晰度将得到显著提升，为用户带来更为流畅、高清的观看体验。同时，VR（虚拟现实）技术的应用，使得视频的拍摄突破空间和环境的限制，更有品牌推出虚拟偶像，增强了真实性、现场感、接近性。

3. 电商融合的深入发展

短视频平台成为电商营销的新渠道。短视频内容与电商将进一步融合，优质的短视频内容成为吸引用户的重要手段。电商通过生动、直观的视听内容展示商品特性，期望提高用户的购买意愿。例如剧情类"种草"短视频将品牌信息融入故事中，使观众在放松娱乐的状态下产生购买兴趣。具有情节性的短视频可引发用户的情感共鸣，增强用户对品牌的认同感。企业通过短视频讲述真实的人物故事或生活片段，让品牌形象更贴近用户，达到销售的目的。同时继续优化短视频内容的推荐算法，根据用户的观看历史和互动行为，为其推荐更加符合需求的商品视频。

4. 用户付费意识的提升

打击盗版和版权保护的政策为培养用户的付费习惯打下了坚实的基础；移动设备的普及促进了视频内容在多个终端上的播放，提升了用户的活跃度；视频平台不断进行内容创新和优化，通过提供吸睛的内容吸引用户为其内容付费；付费用户群体呈现年轻化趋势，表明有巨大的潜在增长空间；银行在线服务和第三方支付系统的完善使得视频付费变得更加快速及便捷。这些因素共同提高了用户的付费意识，并有效地促进了付费习惯的形成。随着用户付费意识的提升，视频平台持续发力，进一步推动了整个行业的繁荣发展。

三、学习任务小结

通过本次课的学习，希望同学们总结短视频的核心概念、发展历程的相关知识点，充分了解短视频发展过程中的重要时间节点和关键信息。明白创作高质量短视频内容的重要性，并讨论如何在享受短视频带来的便利的同时，保持批判性思维和良好的网络行为。

四、课后作业

（1）简述短视频的发展历程。

（2）撰写一篇关于三年内短视频发展趋势的文章。

短视频的特征与类型

教学目标

（1）专业能力：掌握短视频的基本特征与基本类型。
（2）社会能力：通过分析短视频的类型和特点，提升学生的社会责任感和批判性思维能力。
（3）方法能力：学会运用分析、比较等方法研究短视频类型，提高解决问题的能力。

学习目标

（1）知识目标：能够识别不同类型的短视频。
（2）技能目标：能通过实例分析短视频的类型和特征。
（3）素质目标：理性面对和使用短视频，避免过度沉迷，不将其作为打发时间的工具，而是从中学习有价值的内容

教学建议

1. 教师活动

通过展示不同类型的短视频案例来引起学生的兴趣。组织讨论和分析，让学生探讨短视频的特征与类型。

2. 学生活动

观看教师提供的不同类型的短视频案例并进行分类，小组讨论短视频的特点，分享各自的观点。

一、学习问题导入

我们已经跟随小郑同学学习了短视频的基本概念、发展历程以及发展趋势。在短视频蓬勃发展的今天，什么是短视频的特征？怎么区分不同类型的短视频呢？带着这些疑问，在今天的课堂上我们继续学习短视频的特征与类型。

二、学习任务讲解

（一）短视频的特征

根据中国互联网络信息中心（CNNIC）发布的第53次《中国互联网络发展状况统计报告》，截至2023年12月，我国网络视频用户规模达10.67亿人，占网民整体的97.7%。其中短视频用户规模达10.53亿人，较2022年12月增长4145万人，占网民整体的96.4%。中国短视频用户规模持续增长，且占整体网民比例逐年提升，体现出短视频已经成为中国网民日常娱乐和信息获取的重要方式之一。短视频的主要特征如下。

1. 时长短，碎片化

短视频的时长一般在15秒到5分钟之间，视频开头的3秒或标题应能吸引用户点击观看。短视频以迅捷的节奏呈现，内容紧凑而丰富，迎合了用户利用碎片时间进行浏览的偏好。其简洁有力的表现形式，充满活力和趣味性，具有较强的吸引力。

2. 内容丰富，形式多元化

短视频内容丰富多样，包括生活分享、幽默搞怪、资讯、文旅、社会热点等多种内容。其形式多样，各平台不仅有图文分享、直播切片、短剧等，还有个人观点分享，满足不同年龄层用户的观看习惯和个性化审美需求。

3. 制作简单，生产大众化

当前，制作短视频的门槛已经显著降低，整个生产流程也变得更为简单。仅需一部智能手机，用户便能轻松完成拍摄、剪辑、发布和分享短视频的全过程。各个短视频应用平台都配备了"一键成片"功能，如剪映提供AI剪辑、文字配音、简单易懂的滤镜和转场功能，这些功能不仅简化了学习过程，也降低了使用的难度。目前，短视频的创作已经广泛普及，几乎任何用户都能参与到内容创作中来，且不需要过高的起始成本。

4. 传播速度快，裂变式扩散

短视频的传播速度极快，在各种移动设备上就能实现，且能实现指数级扩散。此外，由于传播门槛不高，短视频可以通过多样化的渠道进行分发，不限于某一个短视频平台，还可以在小红书、微博、微信朋友圈和个人视频号等社交平台进行熟人圈层式传播。这种多渠道的裂变宣传方式能够让更多的用户看到内容，极大地拓展了短视频内容的覆盖范围，实现了内容的快速裂变式扩散。

5. 互动性强，用户黏度高

短视频平台的互动性不仅体现在用户能够发布和观看视频，还表现在其丰富的交流机制上。用户可以通过点赞、评论、分享、转发等多种方式与其他观众或创作者进行实时互动，这种直接的交流方式增强了社区的活跃度。此外，创作者与观众之间的互动，如回复评论、参与话题挑战等，进一步增强了用户的参与感和归属感，从而提高了平台的用户黏性和互动频率。短视频的这种互动特性，不仅促进了内容的传播，也加强了用户之间的社交连接。

6. 指向性强，精准营销

现在短视频平台的推荐算法能对用户进行精准营销，使得短视频的指向性非常强。短视频界面上方的显眼位置配备有搜索功能，在搜索引擎中还有搜索关联，以便用户通过关键词查找目标内容。这样的机制使得短视频的营销定位更为精确，能够有效地将内容推荐给目标观众。短视频中会出现"种草"式的软广告推销，使得用户对销售行为易于接受，从而达成销售的目的，这也是短视频电商化的表现形式。

（二）短视频的类型

短视频的类型有很多种，按照短视频平台的展现形式，主要分为生活分享、搞笑剧情、时尚美妆、资讯新闻、录屏解说及其他类型。

1. 生活分享类

生活分享类短视频的内容有美食分享、生活 Vlog、技能分享、心得分享等，因其制作容易的特点，在短视频平台中占比最多。生活分享类短视频主要围绕生活中的各类话题来展开，更容易满足大多数用户对内容实用性的需求。如"小高姐的魔法调料"专注于美食制作，其视频特点是干净利落的手法、整洁的案板加上耐心的讲述，能给用户亲切且细致的感觉。"盗月社食遇记"是全国范围内的美食探店博主，以其高质量的制作而受到赞誉。"真探唐仁杰"曾是喜来登酒店的资深厨师长，他利用自己的专业知识，对各种菜品进行深入的品尝和分析。在评价每一道菜时，他既不夸大其词，也不盲目追随潮流，而是真诚地分享自己对食物的真实感受和见解。这种直接而坦率的表达方式，使得他在镜头前能够自然地展示出对菜品的真实评价，也因此赢得了观众的关注与喜爱，如图 1-4 所示。

图 1-4　生活分享类

图 1-5　搞笑剧情类 1

图 1-6　搞笑剧情类 2

2. 搞笑剧情类

此类短视频每期有特定的主题，迎合用户在碎片化时间期望得到娱乐消遣、排解压力、放松心情的心理。有些账号是一人分饰多角，如"闹腾男孩 KC"发布了大量模仿各地方言特征进行对话，以此突出地方文化特性的视频，如图 1-5 所示。有些账号是团队专职制作短视频，如"派小轩"账号发布的生活或工作中发生的事情，放大了其中的趣味点，以贴近人们生活的方式拍摄，引起用户的情感共鸣，如图 1-6 所示。

3. 时尚美妆类

这类短视频针对的目标群体主要是那些渴望提升自我形象、追求美丽的用户。这些专注于美妆领域的博主通过分享化妆教程和技巧，帮助观众学习如何化妆，从而实现个人魅力的提升。随着时间的推移，这些时尚美妆博主逐渐吸引了大量粉丝，并与美妆品牌建立了合作关系，成为推动时尚美妆行业发展的重要力量，如图1-7所示。

4. 资讯新闻类

在当前的媒体环境中，许多新闻媒体机构已经开始利用短视频平台来扩大其影响力和观众覆盖面。这些官方媒体账号，如"人民日报"和"共青团中央"，在短视频平台上发布新闻动态和社会热点，以适应现代观众的消费习惯和偏好。它们充分利用短视频的快速传播特性和广泛的用户基础，满足公众对时事动态的关注需求，如图1-8所示。

图1-7 时尚美妆类　　　　图1-8 资讯新闻类　　　　图1-9 录屏解说类

5. 录屏解说类

此类短视频主要包括游戏解说和影视解说。游戏解说类短视频是将游戏竞技视频进行剪辑和二次创作，或是录制自己玩游戏的视频后进行剪辑发布。影视解说类短视频创作者通常会运用幽默风趣的语言来表达自己的见解，结合精心剪辑的影视片段，制作出新颖的解说作品，通常将时长从几十分钟到几小时不等的视频压缩为短短的5分钟，为观众阐述剧情。这些作品通常会给观众推荐一些吸人眼球的影视片段，从而吸引更多的用户，如图1-9所示。

6. 其他类型

还有一些数量较少的短视频类型，如某些视频平台中的科技类视频、直播切片、时长为几秒的推销广告。这些类型虽然受众可能不如其他几类广，但是体现了短视频类型的日益细化，每个类型都让短视频创作者有呈现自我的舞台，如图1-10～图1-12所示。

图1-10 其他类型1

图1-11 其他类型2

图1-12 其他类型3

三、学习任务小结

本节课我们深入探讨了短视频的特征和类型，了解了短视频在现代数字媒体中的重要性和广泛应用。通过分析短视频的基本特征，如时间短、内容丰富、形式多元、制作简单、传播迅速等，我们认识到短视频作为一种新兴媒介形式，非常适应现代人的生活节奏和信息消费习惯。同时，我们也对短视频的各种类型进行了详细划分，包括生活分享类、搞笑剧情类、时尚美妆类、资讯新闻类、录屏解说类和其他类型，每种类型都针对特定的观众群体和需求。通过分类，我们可以更好地理解短视频内容的丰富性和多样性。

通过本次课的学习，我们能更好地理解短视频为何在现代社会中占据重要地位，并且掌握如何根据不同类型短视频的特点进行创作和传播。

四、课后作业

（1）请简述短视频的类型。

（2）观看至少两个不同类型的短视频，并分析它们各自的目标观众、传达的信息以及使用的技术和手法。写下你的观察报告，比较这两个视频在吸引观众方面的异同。

学习任务三 短视频的发展动因与现状

教学目标

（1）专业能力：理解和掌握短视频的发展动因，了解短视频的发展现状和趋势。

（2）社会能力：通过学习短视频的发展，提高对社会热点和新兴行业的敏感度和理解力。

（3）方法能力：培养独立思考和分析问题的能力，能够运用所学知识对短视频的发展进行深入分析和研究。

学习目标

（1）知识目标：了解短视频的发展动因，熟悉其发展现状和趋势。

（2）技能目标：能够运用所学知识对短视频的发展进行分析和研究，能够撰写相关的分析报告或论文。

（3）素质目标：通过学习，提高对新兴行业的敏感度和理解力，培养独立思考和分析问题的能力，提高自身的专业素养和社会责任感。

教学建议

1. 教师活动

（1）讲解短视频的发展背景和动因，包括互联网技术的发展、移动设备的普及、用户需求的变化等。

（2）分析短视频行业的现状，包括市场规模、用户群体、内容类型等方面的特点。

（3）采用案例教学法，通过分析典型的短视频作品，让学生了解短视频的创作手法和传播策略。

（4）鼓励学生参与短视频创作，提高学生的实践能力和创新意识。

（5）引导学生思考短视频对社会、文化、经济等方面的影响，以及短视频行业的发展趋势和挑战。

2. 学生活动

（1）分组讨论短视频的发展动因，每组提出一个观点并进行阐述。

（2）观看不同类型的短视频作品，分析其特点和受众群体。

（3）结合自己的生活经历，分享自己对短视频的看法和感受。

一、学习问题导入

小组讨论以下问题，记录、修改并准备演讲展示。

（1）短视频的发展动因是什么？互联网技术、移动设备的普及和用户需求的变化如何推动短视频的发展？

（2）短视频行业的现状如何？市场规模、用户群体和内容类型等方面有哪些特点？

（3）通过观看不同类型的短视频作品，分析其特点和受众群体，思考为什么这些作品能够吸引观众。

短视频截图如图1-13和图1-14所示。

图1-13 短视频截图1

图1-14 短视频截图2

二、学习任务讲解

1. 短视频的发展动因

（1）互联网技术的进步：高速网络的普及和流量成本的降低使得视频内容更容易被上传、分享和观看。

（2）移动设备的普及：智能手机和平板电脑的广泛使用为短视频的拍摄、编辑和观看提供了便捷的平台。

（3）用户需求的变化：快节奏的生活方式和碎片化的时间使得用户更倾向于消费快速、直观、娱乐性强的内容。

2. 短视频行业的现状

（1）市场规模：短视频市场持续增长，成为互联网经济的重要组成部分。

（2）用户群体：覆盖各个年龄段，但以年轻人为主，尤其是"Z世代"。

（3）内容类型：多样化，包括娱乐、教育、生活、美食、旅游等。

3. 短视频的影响

（1）社会影响：改变了人们的交流方式和信息获取途径，也引发了关于隐私和版权等问题的讨论。

（2）文化影响：推动了新型网络文化的形成，如各种挑战、"梗"的传播等。

（3）经济影响：创造了新的商业模式和就业机会，如网红经济、广告营销等。

4. 短视频作品的特点和受众群体

（1）特点：通常时长较短，内容紧凑，易于消费；形式多样，从搞笑到教育应有尽有。

（2）受众群体：不同类型的短视频内容吸引不同的观众，例如年轻人可能更喜欢娱乐和潮流内容，而家长可能更倾向于教育类内容。

短视频作为一种新兴媒介，提供了快速获取信息和娱乐的途径，同时也带来了过度消费和注意力分散的问题。

5. 发展动因的深入分析

（1）技术进步：除了高速网络的普及和流量成本的降低，人工智能和机器学习技术的进步也为短视频平台提供了个性化推荐算法，使用户能够更容易地发现他们感兴趣的内容。

（2）社交媒体的融合：社交媒体平台与短视频的结合，如Instagram的Reels、Facebook的Watch、Twitter的Fleets等，为短视频的传播提供了更广阔的舞台。

（3）创作者经济的兴起：越来越多的工具和服务的出现，帮助内容创作者获得经济收益（如广告收入、打赏、品牌合作等），越来越多的人被吸引到短视频创作中来。

6. 短视频的发展现状

短视频行业在经历了快速发展与提质创新后，已进入深度发展阶段。

（1）用户规模增长：2023年，中国短视频用户规模达到10.53亿人，占网民整体的96.4%。尽管增速有所放缓，但用户黏性不断增强，短视频人均单日使用时长达到151分钟。

（2）市场规模扩大：2023年短视频市场规模近3000亿元，在网络视听行业中占比达到40.3%，显示出强大的市场潜力和商业价值。

（3）产业链条成熟：短视频行业的配套产业链逐渐完善，形成了内容生产、分发到消费的闭环生态。头部平台如抖音和快手通过创新内容和优化用户体验，持续吸引大量创作者和观众。

（4）主流价值创作：微短剧作为新兴力量迅速崛起，成为短视频平台的重要组成部分。2023年中国网络微短剧市场规模为373.9亿元，同比增长267.65%。

（5）技术创新推动：随着5G、AI等技术的不断进步，短视频行业将迎来更多创新和升级，例如通过算法优化提升内容推荐的准确性和个性化。

（6）商业模式创新：除了传统的广告变现，电商直播、知识付费等新型商业模式为短视频平台和内容创作者带来更多收益机会。

7. 影响的扩展

（1）全球化趋势：短视频不仅在中国市场快速增长，在全球范围内也呈现出爆炸性增长，TikTok（抖音国际版）的成功就是例证。

（2）教育和学习的渠道：短视频也被用作教育工具，尤其是在传授技能和知识方面，如烹饪教程、语言学习等。

三、学习任务小结

通过本次课的学习，同学们了解了短视频的发展动因与现状。短视频作为一种新型媒介，对社会、文化和经济都产生了深远的影响。了解其发展动因、现状、影响以及面临的挑战，对于把握这一领域的未来趋势至关重要。同时，通过参与创作和分析典型案例，可以提高对短视频创作和传播的认识，培养创新意识和实践能力。课后，同学们要多欣赏优秀的短视频作品，全面提高自己的艺术审美能力。

四、课后作业

在短视频平台收集10个你最喜欢的不同类型的短视频内容账号，准备在下节课分享展示。

学习任务四 主要短视频平台分析

教学目标

（1）专业能力：理解不同短视频平台的特点、用户群体和内容偏好。掌握各平台的视频发布标准和格式要求，分析短视频平台的算法和推荐机制，了解如何提高视频曝光率。

（2）社会能力：增强批判性思维能力，能够评估不同平台短视频的影响力和传播效果。发展创新思维，鼓励学生探索新的短视频趋势和创意表达方式。

（3）方法能力：培养研究能力，通过调研了解目标受众的需求和兴趣点。

学习目标

（1）知识目标：了解各主流短视频平台的基本功能与特色，学习不同平台的算法推荐机制和用户行为特征，掌握各个平台的内容趋势和用户偏好。

（2）技能目标：培养分析和评估短视频内容的能力，以适应不同平台的需求，学会在各个平台上高效地发布和管理短视频内容。

（3）素质目标：培养创新思维和审美能力，以创作出吸引人的短视频内容，提升对社交媒体趋势的敏感度和适应变化的能力，加强版权意识和职业道德，确保内容的合法性和道德性。

教学建议

1. 教师活动

（1）分析主要短视频平台的特点，如抖音、快手、B站等的主要特点，包括用户群体、内容类型、互动方式等。

（2）采用案例教学法，通过分析不同平台的短视频作品，让学生了解短视频的创作手法和内容传播策略。

（3）引导学生收集不同短视频平台的优秀短视频账号，观看视频并分析数据，对当前流行的短视频平台进行深入研究，了解它们的特点、用户群体、内容偏好、算法推荐机制等。

（4）引导学生分小组讨论分析不同短视频平台的优劣，从用户体验、内容质量、商业模式等方面进行分析。

（5）组织课堂讨论，让学生分享自己在短视频平台上的体验，以及对短视频平台的看法和建议。

2. 学生活动

（1）平台研究：对当前流行的短视频平台进行深入研究，了解它们的特点、用户群体、内容偏好、算法推荐机制等，例如，抖音、快手、哔哩哔哩、微信视频号等。

（2）功能对比：分析和比较不同短视频平台的功能，如上传视频的长度限制、编辑工具、互动功能（评论、点赞、分享）、直播能力、商业化模式（广告、打赏、电商）等。

（3）内容策略：探讨不同平台上热门内容的类型和风格，了解各个平台的内容生态和用户喜好，学习如何根据这些特点制定内容策略。

一、学习问题导入

学习环节1：常见短视频平台有哪些？各平台的内容偏好与风格是什么？观看视频并分析数据，对当前流行的短视频平台进行深入研究，了解它们的特点、用户群体、内容偏好、算法推荐机制等。

学习环节2：分小组讨论以上问题，记录、修改并准备演讲展示，小组讨论后轮流上台展示分享。

学习环节3：短视频平台特点与内容传播策略总结。

短视频平台如图1-15所示。

图1-15 短视频平台

二、学习任务讲解

1. 各大短视频平台的特点

（1）抖音特点：以短视频为主，内容多样，包括舞蹈、美食、旅行等。强调音乐和节奏感，很多视频以流行歌曲为背景音乐。强大的算法推荐系统，根据用户行为个性化推荐内容。其用户群体以年轻用户居多，但也吸引了其他年龄层追求时尚、娱乐和快速消费信息的人群。其内容偏好是轻松娱乐的内容，如搞笑视频、挑战、模仿秀等，教育和生活方式内容也逐渐受到欢迎。其算法推荐机制是基于用户互动（点赞、评论、分享）和观看时长进行内容推荐。鼓励原创内容，对高质量内容给予更多曝光。抖音界面如图1-16所示。

（2）快手特点：同样以短视频为主，但更注重社区氛围和用户互动。内容更加"草根"和多元化，强调真实生活分享。用户群体以三、四线城市和农村地区的用户较多，多为喜欢真实、接地气的内容的用户群体。内容偏好是生活记录、才艺展示、农业相关内容等，电商直播也非常受欢迎。算法推荐机制为结合用户行为和社交关系进行内容推荐。重视用户的地理位置信息，推荐本地化内容。

（3）哔哩哔哩特点：以二次元文化起家，现已发展为综合性视频平台。强调社区文化和用户参与度。用户群体以年轻人居多，尤其是ACG（动画、漫画、游戏）爱好者，多为高学历和高黏性的用户群体。内容偏好是动漫、游戏、影视剪辑、知识分享等。用户生成的深度内容和二次创作非常受欢迎。算法推荐机制为结合用户兴趣和社区互动进行个性化推荐。鼓励用户投稿和参与讨论，形成良好的社区氛围。哔哩哔哩界面如图1-17所示。

（4）微信视频号特点：依托于微信庞大的社交网络，强调社交属性。内容形式多样，包括短视频、直播等。用户群体以微信用户群体为主，覆盖各年龄层。适合希望通过社交网络分享生活的用户。内容偏好是生活记录、教育、健康、新闻等实用信息。内容与微信生态紧密结合，如公众号文章、小程序等。算法推荐机制为结合用户在微信上的社交关系和行为数据进行推荐。强调内容的社交传播价值。微信视频号界面如图1-18所示。

2. 功能比较之上传视频长度限制

（1）抖音：通常不超过1分钟，但也有长视频选项。

（2）快手：类似抖音，以短视频为主。

（3）哔哩哔哩：支持更长的视频内容，甚至电影级长度。

（4）微信视频号：以短视频为主，但也支持较长视频。

3. 编辑工具

所有平台都提供了基本的视频编辑工具，如剪辑、滤镜、特效等。哔哩哔哩为创作者提供了更为专业的编辑工具。

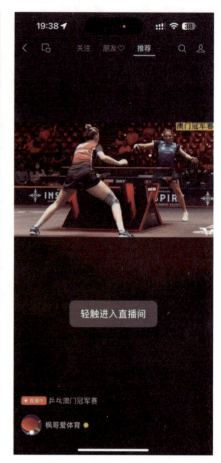

图1-16 抖音界面　　　　图1-17 哔哩哔哩界面　　　　图1-18 微信视频号界面

4. 互动功能

所有平台都支持评论、点赞、分享等基本互动功能。

5. 直播能力

抖音、快手和微信视频号均支持直播，哔哩哔哩也有直播功能，但更侧重于内容创作。

6. 商业化模式

（1）广告：所有平台都有广告收入。

（2）打赏：在快手和哔哩哔哩的直播功能中较为常见。

（3）电商：抖音和快手通过直播带货实现电商变现，微信视频号依托微信生态也有电商潜力。

7. 内容策略分析之热门内容类型和风格

（1）抖音：追求创意和趣味性，快节奏的音乐短视频。

（2）快手：更接地气的生活分享和才艺展示。

（3）哔哩哔哩：深度内容和二次创作，以及ACG相关视频。

（4）微信视频号：实用性信息和个人生活分享。

8. 内容生态和用户喜好

根据平台的主要用户群体和内容偏好，制定相应的内容策略。例如在抖音上可能更注重创意和趣味性，而在哔哩哔哩上则可能需要更深入的内容和高质量的制作。

9. 制定内容策略

了解目标平台的算法推荐机制，优化内容以提高曝光率。结合平台的特点和用户群体，选择合适的内容类型和风格。保持与用户的互动，根据反馈调整内容策略。

三、学习任务小结

在本次课中对主要短视频平台进行了分析，对当前主流的短视频平台有了更加深入的了解，并掌握了它们各自的特点、受众群体以及内容创作策略。通过研究这些短视频平台，分析出了每个平台的内容风格和受众定位，而且能根据不同平台的特点来调整自己的内容创作和发布策略。

四、课后作业

收集不同短视频平台上你最喜欢的不同类型的内容账号并进行数据分析，准备在下节课分享展示。

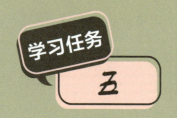

短视频内容分类与受众定位

教学目标

（1）专业能力：识别并理解不同形式的短视频内容；了解 UGC、PUGC、PGC 的特点和区别；基于内容多样性和受众理解，制定切实可行的策略；深入了解短视频内容的多样性，分析与识别短视频的主要受众群体。

（2）社会能力：学会与他人协作，共同完成短视频项目；清晰表达观点，倾听他人意见；强调诚信、尊重知识产权等职业道德。

（3）方法能力：运用多种渠道收集并分析短视频行业信息；独立思考并解决短视频制作中的问题；能够运用所学知识，养成自主学习习惯，持续更新知识和技能；对短视频内容进行科学、合理的分类和定位。

学习目标

（1）知识目标：全面了解短视频内容的常见分类。
（2）技能目标：能够准确地将短视频内容进行归类，并分析其特点和受众。
（3）素质目标：培养批判性思维，能够独立思考并评估短视频内容的适宜性和受众定位的准确性。

教学建议

1. 教师活动

定期分享短视频行业最新动态和趋势，激发学生的学习兴趣；对学生的短视频创作实践提供指导和支持，及时给予反馈；提供多样化的短视频案例，引导学生分析其内容、受众和制作技巧。

2. 学生活动

每次实践后对作品进行反思和总结，分析优点和不足；主动分析视频内容分类及受众定位；根据教师要求进行短视频创作实践，尝试不同内容形式和风格。

一、学习问题导入

同学们，通过之前的短视频基础知识的学习，我们对短视频有了更加深入的了解。本次课，我们就进一步走进短视频，思考短视频内容分类和短视频的受众定位。

二、学习任务讲解

（一）短视频内容分类

短视频有着多种多样的类型，人们能够依据不同的分类标准来对其加以分类，而按照表现形式、视频内容以及生产方式这几种标准来分类是较为常见的做法，如图1-19所示。

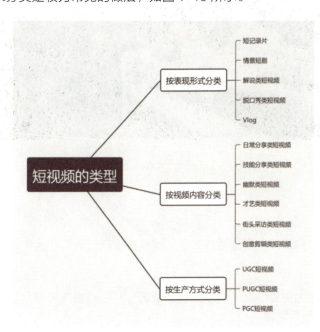

图1-19 短视频的类型

1. 按表现形式分类

1）短记录片

短记录片是短视频的一种重要形式，它通常以真实事件或人物为背景，通过影像记录的方式，展现生活中的点滴、社会现象或自然风光。

2）情景短剧

情景短剧是另一种常见的短视频形式，它以剧本为基础，通过演员的表演来展现特定的情节和故事。

3）解说类短视频

解说类短视频以解说为主要表现形式，通过配音或字幕对视频内容进行详细解读和说明。

4）脱口秀类短视频

脱口秀类短视频以幽默诙谐为主要特点，通常由主持人或表演者以单口相声、段子等形式进行表演。

5）Vlog

Vlog即视频博客，是一种记录个人生活、分享经验和观点的短视频形式。

2. 按视频内容分类

1）日常分享类短视频

日常分享类短视频是记录并分享个人或团队日常生活的视频，内容通常包括日常琐事、旅行经历、美食探索等。美食直播带货如图1-20所示。

图1-20 美食直播带货

2）技能分享类短视频

技能分享类短视频主要传授各种实用技能或知识，如烹饪技巧、手工艺制作、编程语言学习等。

3）幽默类短视频

幽默类短视频以幽默诙谐为主要特点，通过搞笑的情景、对白或表演来引发观众的兴趣。

4）才艺类短视频

才艺类短视频主要展示创作者的才艺和独特魅力，如舞蹈、唱歌、模特走秀等。

5）街头采访类短视频

街头采访类短视频是在公共场所对路人进行随机采访的视频，内容通常涉及社会现象、观点态度、生活经历等。

6）创意剪辑类短视频

创意剪辑类短视频主要运用各种剪辑技巧和特效，将多个视频片段或图像进行创意组合，形成独特的视觉效果和故事情节。

3. 按生产方式分类

1）UGC 短视频

UGC（user-generated content）即用户生成内容，这类短视频由普通用户自发创作并上传至网络平台。UGC短视频具有内容广泛、形式多样、主题性强、社交属性显著等特点。

举例：很多个人博主分享自己的生活点滴、宠物趣事等都属于UGC内容。

2）PUGC 短视频

PUGC（premiereofessional user generated content）即专业用户生成内容，是UGC与PGC相结合的一种生产模式。

举例：一些网红达人与品牌合作推出的定制内容，或者行业专家分享专业知识但以较为亲民的方式呈现的短视频。

3）PGC 短视频

PGC（premiereofessional generated content）即专业生成内容，这类短视频由专业机构或团队创作并上传至网络平台。

举例：一些专业的媒体机构、影视制作公司推出的短视频节目，以及知名的知识类博主创作的内容。

（二）短视频受众定位

短视频得以如此流行的一个重要原因就是短视频内容可以吸引海量的用户，这些用户是短视频内容策划和制作的基础，短视频制作的前提就是吸引用户。所以，短视频创作者在进行内容策划时需要了解其用户群体，分析用户并对其进行画像，下面分别进行介绍。

1. 短视频用户分析

1）收集用户基本信息

日均活跃用户量：短视频平台的日均活跃用户量是一个重要的指标，它反映了平台的吸引力和用户的忠诚度。

使用频次：用户每天打开短视频应用的次数也是衡量用户活跃度的关键指标。

使用时长：用户在短视频应用上花费的时间长短，直接反映了平台内容的吸引力和用户黏性。

2）分析用户的属性

性别分布：了解短视频用户的性别比例，有助于我们更准确地定位目标受众，并针对性地制作和推广内容。

年龄分布：不同年龄段的用户有不同的兴趣偏好和消费需求。

地域分布：地域差异可能导致用户的行为和偏好有所不同。

2. 短视频用户画像

（1）推测用户需求：基于用户的基本信息和行为数据，我们可以推测用户的需求和偏好。

（2）查看用户画像：用户画像是根据用户的基本信息、行为数据、兴趣爱好等多个维度综合而成的用户模型。

（三）短视频内容定位

在短视频的范畴内，内容定位堪称账号成功吸引并牢牢抓住用户目光的核心环节。接下来会从短视频内容领域的选择、短视频内容风格的确定、短视频内容形式的明确以及短视频发布平台的选择这四个维度展开细致的论述。

1. 选择短视频内容领域

选择短视频内容领域时，应综合考虑个人兴趣、专业技能、市场需求以及竞争情况。

2. 确定短视频内容风格

内容风格是短视频的独特标识，应根据目标受众的喜好和平台特性来确定。常见的风格包括：幽默风趣，即通过轻松幽默的方式传达信息，吸引用户关注；专业严谨，即针对特定领域提供深入、专业的解读和分析；情感共鸣，即讲述真实感人的故事，引发用户情感共鸣；创意独特，即运用新颖的创意和表现形式，打造与众不同的内容。

3. 明确短视频内容形式

短视频的内容形式多种多样，包括但不限于 Vlog、教程类、剧情短片、访谈对话、动画 / 特效类。

4. 选择短视频发布平台

选择合适的短视频发布平台对于内容的传播和账号的发展至关重要。当前主流的短视频平台包括抖音、快手、微信视频号、B 站、微博等。在选择平台时，应综合考虑平台的用户基础、内容生态、推荐算法以及商业合作模式等因素，确保内容能够得到有效传播并实现商业变现。

三、学习任务小结

本次学习任务主要包括了解短视频内容的多样性、掌握不同生产方式、制定有效的内容策略以及培养创新思维和实践能力。同时，通过团队合作项目和课堂讨论，提升学生的沟通与表达能力，并强调职业道德的重要性。此外，学生还需学会信息收集与处理，提高问题解决能力，并养成自主学习和终身学习的习惯，以适应短视频行业的不断变化和发展。

四、课后作业

（1）请选择你喜欢的一个短视频平台中的一个或者多个视频，分析视频的受众定位，写出详细的分析报告。

（2）叙述如果你进入短视频行业，你会选择哪个平台，发布什么内容能发挥自己的最大优势。

项目二
选题创意与策划

学习任务一　选题策略与创意思维训练
学习任务二　目标受众分析与定位
学习任务三　故事构思与脚本创作
学习任务四　选题与内容规划
学习任务五　风格与调性确定

选题策略与创意思维训练

教学目标

（1）专业能力：掌握选题的基本原则和策略。

（2）社会能力：通过创意思维训练提升选题的创新性和吸引力。

（3）方法能力：培养组织执行直播活动的能力，掌握复盘方法，提升问题解决能力与创新思维。

学习目标

（1）知识目标：理解选题策略的重要性，包括对目标受众、热点话题、独特价值和可行性等方面的认识。

（2）技能目标：能够运用选题策略进行实际选题操作，针对特定主题或领域，准确分析目标受众，找到合适的热点，突出选题的独特价值并确保其可行性。

（3）素质目标：培养对选题的敏感度和洞察力，在日常生活和学习中主动关注各种信息，善于发现潜在的选题。

教学建议

1. 教师活动

讲解选题策略，展示案例，激发思考，组织头脑风暴等活动。引导学生分析案例，点评学生选题方案。

2. 学生活动

认真听讲，积极参与案例讨论和思维训练活动。小组合作进行选题，分享方案并听取他人意见，不断改进选题。

一、学习问题导入

(1) 在你日常的学习、工作或生活中,有没有遇到过选题困难的情况?具体是在哪些场景下出现的呢?

(2) 当你面对一个任务需要确定选题时,你通常会从哪些方面着手思考?有没有固定的模式或方法呢?

二、学习任务讲解

(一)选题策略

1. 确定短视频的选题

确定短视频的选题是一个综合性的过程,需要考虑多个方面。

(1) 目标受众:明确你的视频是为哪一类人群制作的,他们的兴趣、需求和行为特点是什么。

(2) 市场趋势:关注当前的社会热点、流行文化和行业趋势,选择与之相关的选题。

(3) 内容价值:确保选题具有独特性、新颖性或实用性,能够为观众提供有价值的信息。

(4) 个人兴趣与专长:选择你感兴趣且擅长的领域,这样更容易创作出有深度和吸引力的内容。

如图 2-1 所示的东方甄选短视频直播平台强调东方文化特色,定位高品质商品。

练习拓展:请选择你喜欢的一则短视频,尝试从人、具、粮、法、境 5 个维度构想出更多的选题。

图 2-1 东方甄选直播

2. 建立"爆款"短视频选题库

为了持续产出高质量的短视频内容,建立一个"爆款"短视频选题库是非常有必要的。

1) 建立选题框架

分类整理:将选题按照不同的类别进行整理,如娱乐、教育、科技、生活等。

设定标签:为每个选题设定关键词或标签,便于后续搜索和归类。

评估标准:制定一套评估选题潜力的标准,如观众兴趣度、话题热度、创作难度等。

2）搜集素材，丰富选题库

日常积累：时刻关注身边的事物和新闻，将有趣的灵感或话题记录下来。

平台搜索：利用社交媒体、视频平台和搜索引擎，寻找热门话题和流行趋势。

用户反馈：关注观众的评论和反馈，了解他们的需求和兴趣点，将其作为选题的灵感来源。

跨领域借鉴：从其他领域或行业中寻找可以借鉴的创意和话题，将其融入短视频创作中。

在实施选题策略时，还需要注意以下几点。

保持更新：定期审查和更新选题库，确保内容的时效性和新颖性。

多样化尝试：不要局限于某一类选题，勇于尝试新的领域和风格。

深度挖掘：对有潜力的选题，要深入挖掘其背后的故事和价值。

练习拓展：选择一部你喜欢的影视作品，想想里面哪些内容可以成为素材。

（二）创意思维训练

1. 短视频优质内容的输出

在短视频领域，优质内容是吸引观众、提升观看量的核心。为了持续输出高质量的内容，创作者需要掌握一些有效的策划方法。以下是三种策划优质内容的方法。

（1）借鉴法。

借鉴其他成功短视频的创意和形式，是策划优质内容的一种有效途径。通过观看和分析热门短视频，了解其吸引观众的关键因素，如剧情设计、视觉效果、配乐选择等，然后将其中的优秀元素融入自己的创作中。同时，要注意保持原创性，避免直接抄袭，以确保内容的独特性和新颖性。

（2）扩展法。

从一个小的创意或话题出发，通过扩展思维，将其发展成一个完整的短视频内容。这种方法需要创作者具备丰富的想象力和创造力。可以从一个有趣的现象、一个引人深思的问题或一种引发共鸣的情感出发，通过添加情节、角色和冲突等元素，将其扩展成一个引人入胜的故事或场景。

（3）四维还原法。

四维还原法是一种从多个维度思考和还原短视频内容的方法，它包括剧情、表演、场景和配乐四个维度。在策划内容时，可以从这四个维度出发，分别考虑如何设计吸引人的剧情、如何呈现生动的表演、如何选择合适的场景以及如何搭配恰当的音乐。综合考虑这四个维度，可以创作出更加全面和优质的短视频内容。

在短视频创作领域，持续输出优质内容是吸引观众、提升影响力的关键。以下四种创作套路，可以帮助创作者在内容策划上找到新的灵感和方向，打造出更具吸引力和独特性的短视频。

（1）情景再现。

情景再现是一种通过模拟或重现特定场景、事件或情感来创作短视频的方法。它能够让观众身临其境，感受视频所传达的氛围和情感。创作者可以选择容易引发共鸣或具有争议性的话题，通过精心设计的场景和表演，将其生动地呈现出来。例如，再现一个历史事件、模仿一部经典电影的片段，或者通过角色扮演来展示某种社会现象。情景再现的关键在于细节的把握和情感的传达，要让观众在短短几分钟内被深深吸引。

（2）事物对比。

事物对比是一种通过对比不同事物之间的差异来创作短视频的方法。它可以帮助观众更直观地了解事物的特点和优劣，从而引发思考和讨论。创作者可以选择两个相似或相反的事物，从外观、性能、价格等多个方面进行对比，通过有趣的解说和直观的展示，让观众在轻松愉快的氛围中获取知识。事物对比的关键在于选择具有代表性和可比性的事物，以及用简洁明了的语言进行解说。

（3）客体创新。

客体创新是一种通过对现有事物进行改良或创新来创作短视频的方法。它可以让观众看到熟悉事物的全新面貌，从而引发好奇心和探索欲。创作者可以选择一个常见的事物作为创作对象，通过添加新功能、改变外观或优化使用体验等方式进行创新，然后通过视频展示其创新过程和成果。客体创新的关键在于创意的独特性和实用性，要让观众感受到创新带来的价值和魅力。

（4）图文讲述。

图文讲述是一种通过结合图像和文字来创作短视频的方法。它可以帮助观众更直观地理解复杂的信息或情感，从而增强视频的传达效果。创作者可以选择一个具有深度或广度的主题，通过精心设计的图像和简洁明了的文字进行讲述，让观众在视觉和听觉上都能得到充分的满足。图文讲述的关键在于图像和文字的选择和搭配，要让它们相互补充、相得益彰。

2. 短视频脚本策划

1）短视频文学脚本

短视频文学脚本的撰写方法如下。

（1）确定主题。

明确目的与受众：首先，需要明确短视频的目的和受众群体。这有助于确定视频的主题和风格，确保内容能够吸引目标观众并满足其需求。

挖掘创意与热点：结合当前的社会热点、流行趋势以及个人或团队的兴趣专长，挖掘具有创意和吸引力的主题。主题应具有独特性、新颖性或实用性，能够引起观众的共鸣和兴趣。

（2）搭建框架。

故事主线与情节：确定视频的故事主线和情节发展。一个好的故事主线能够贯穿整个视频，引导观众的情感投入。情节设计要紧凑、有张力，能够吸引观众持续观看。

角色设定：根据视频主题和情节需要，设定清晰的角色和人物关系。每个角色都应有其独特的性格特征、动机和行为模式，以推动故事的发展。

场景安排：选择合适的场景来呈现故事情节。场景应与视频主题和情节相匹配，具有代入感和真实感。同时，要考虑场景的可实现性和拍摄成本。

以999感冒灵推出的经典暖心短视频《总有人偷偷爱着你》为例，该短视频的主题即"总有人偷偷爱着你"。围绕这一主题，短视频创作者搭建了这样的文学脚本框架：

一位客人在购买杂志时，被店主冷脸对待；一位外卖小哥在订单即将超时时，因电梯超重而无奈走出了电梯；一位老人骑着三轮车剐蹭了一辆汽车，车主拿出铁棍向他走来……

随后，该短视频利用反转的手法，添加了这样的剧情：

店主让客人快走，是因为发现小偷正在悄悄打开客人的包；外卖小哥走出电梯时，电梯里的一位大哥为他让出了位置；汽车车主拿出铁棍，只是轻轻敲了一下三轮车。

在这样极具戏剧性的框架结构中，这条短视频为用户呈现了一种"情理之中、意料之外"的效果，引得许多用户纷纷转发。

短视频创作者在搭建文学脚本框架时，可以多设置一些有趣的情节和冲突来突出主题，制造令人意想不到的剧情反转，激起用户的赞叹情绪和分享意愿。

（3）填充细节。

对话与解说词：为角色编写生动、自然的对话和解说词。对话应符合角色的性格特征和情境需要，能够推动情节发展并传达主题思想。解说词则用于解释说明、引导观众理解视频内容。

镜头语言：运用镜头语言来丰富视频的表现力，包括镜头的选择（如远景、全景、中景、近景、特写等）、镜头的运动方式（如平移、推进、旋转等）以及镜头的切换节奏等。这些元素共同构成了视频的视觉风格。

背景音乐和音效：选择合适的背景音乐和音效来增强视频的氛围和情感表达。音乐应与视频主题和情绪相匹配，能够渲染剧情气氛并提升观众的观看体验。

练习拓展：你看过哪些构思十分巧妙的短视频文学脚本？说说它们好在哪里。

2）短视频分镜头脚本

短视频分镜头脚本是将文学脚本中的文字内容转化为具体可拍摄的镜头画面的重要步骤。以下是撰写短视频分镜头脚本的方法。

（1）细化文学脚本：首先，根据文学脚本中的故事情节和对话内容，将其细化为具体的场景、动作和对话。明确每个场景中的关键元素和需要表现的情感或氛围。

（2）确定镜头序号：为每个镜头分配一个唯一的序号，以便于后期制作时的编辑和整理。镜头序号应按照镜头出现的先后顺序进行排列。

（3）选择景别：根据视频内容需要，为每个镜头选择合适的景别。景别包括远景、全景、中景、近景和特写等，不同的景别能够展现不同的视觉效果和情感表达。

（4）描述镜头运动：明确每个镜头的运动方式，如推、拉、摇、移、跟等。镜头运动能够增加视频的动感和节奏感，使画面更加生动有趣。

（5）标注画面内容：用精练、具体的语言描述每个镜头需要呈现的画面内容，包括场景布置、角色动作、表情细节等，以确保拍摄团队能够准确理解并执行。

（6）编写对白和旁白：将文学脚本中的对话内容分配给相应的角色，并在分镜头脚本中标明。同时，如有旁白部分，也需要在此处编写并标注出现的时间和位置。

（7）安排音乐与音效：根据视频的情感表达和氛围需要，为每个镜头或镜头组安排合适的背景音乐与音效。音乐与音效的选择应与视频内容紧密相关，能够增强观众的观看体验。

（8）考虑拍摄细节：在撰写分镜头脚本时还需要考虑一些拍摄细节，如光线、色彩、道具等，以确保最终的视频效果符合预期。

表2-1所示是一个简短的短视频分镜头脚本范文。

主题：城市清晨的美好。

时长：50 s左右。

风格：日常生活记录、人文温情。

练习拓展：用上述学习到的知识，撰写一个属于你的视频脚本。

表 2-1 短视频分镜头脚本示例

镜号	时长	景别	画面内容	台词	音乐
1	5 s	全景	太阳从城市的地平线缓缓升起,照亮了整个城市	无	统一舒缓钢琴曲
2	7 s	中景	街道上,清洁工正在认真清扫街道	旁白:"当城市还在沉睡,他们已开始工作。"	统一舒缓钢琴曲
3	6 s	近景	一位卖早点的摊主熟练地准备着食物	旁白:"为新的一天,注入能量。"	统一舒缓钢琴曲
4	3 s	特写	热气腾腾的包子出笼	无	统一舒缓钢琴曲
5	5 s	中景	公园里,老人们打着太极	旁白:"晨练,开启健康的一天。"	统一舒缓钢琴曲
6	5 s	近景	年轻人沿着湖边慢跑	无	统一舒缓钢琴曲
7	7 s	中景	公交车站,人们有序地排队上车	旁白:"新的一天,新的希望。"	统一舒缓钢琴曲
8	8 s	全景	城市逐渐热闹起来,车辆川流不息	无	统一舒缓钢琴曲

三、学习任务小结

通过本次课的学习,我们探讨了短视频选题策略和创意思维训练。通过案例分析和练习拓展,学生学会了如何确定短视频的选题,建立"爆款"短视频选题库,并掌握了优质内容输出的策略,包括借鉴法、扩展法和四维还原法等方法,以及情景再现、事物对比、客体创新和图文讲述等创作套路。在脚本策划方面,学生学习了如何撰写短视频文学脚本和分镜头脚本,明确了从故事主线搭建到细节填充的各个步骤,并强调了镜头语言、背景音乐与音效的重要性。这些知识和技能为我们提供了一套完整的工具,以支持我们的短视频创作实践。实施这些策略时需要注意保持内容的更新、多样化尝试和深度挖掘。通过不断学习和实践,学生可以提升创作能力,制作出既有吸引力又具有深度的短视频内容。

四、课后作业

(1)撰写一个短视频文学脚本,确保包含故事主线、角色设定、场景安排等元素。
(2)将上述文学脚本转化为分镜头脚本,细化场景、动作和对话,并选择合适的景别和镜头运动方式。

目标受众分析与定位

教学目标

（1）专业能力：学会分析目标受众，能够精准定位用户需求。

（2）社会能力：建立有效的沟通渠道，与目标受众进行互动，收集反馈并建立良好的观众关系。

（3）方法能力：利用分析工具跟踪短视频表现，根据数据反馈优化内容和定位策略。

学习目标

（1）知识目标：学会使用市场调研和数据分析工具来识别和分析目标受众的特征，包括年龄、性别、兴趣等。这将帮助创作者更好地理解观众的需求和偏好。

（2）技能目标：学习如何建立和优化与目标受众的沟通渠道，例如社交媒体互动、直播交流等。这些渠道将使创作者能够直接与观众进行对话，收集反馈，并建立良好的关系。

（3）素质目标：学习利用各种分析工具来跟踪短视频的表现，如观看次数、点赞数、分享率等指标。这些数据将帮助创作者了解哪些内容最受欢迎，以及如何进一步优化内容策略。

教学建议

1. 教师活动

（1）市场调研指导：教师应组织关于如何进行市场调研的课程，包括教授设计问卷、进行访谈、使用数据分析软件等技能。这可以通过实际案例和互动式演示来完成，确保学生理解市场调研的重要性和技巧。

（2）沟通渠道建立策略：教师应提供关于不同社交媒体平台和沟通工具的深入分析，帮助学生理解其各自的特点和适用场景。通过模拟活动和案例分析，教师可以指导学生选择和优化沟通渠道。

（3）数据分析与内容优化：教师应引导学生学习使用各种分析工具，例如百度统计、腾讯数据洞察等，来跟踪短视频的表现。通过定期的数据分析课程和实践，教师可以帮助学生掌握如何根据数据反馈优化内容策略。

（4）反馈机制建立：教师应教授学生如何建立有效的反馈机制，包括如何收集、分析和利用观众反馈。这可以通过角色扮演、模拟对话和实际案例来实现，确保学生能够理解反馈的重要性，并学会如何从中获取宝贵的信息。

（5）个性化教学内容：针对不同学生的兴趣和需求，教师可以设计个性化的教学内容。例如，对于对数据分析特别感兴趣的学生，可以提供更多关于数据分析的学习资源和项目。

2. 学生活动

（1）市场调研实践：学生应积极参与到市场调研的实践中，如设计问卷、进行街头访谈等。通过这些实践活动，学生可以更好地理解目标受众的特征和需求。

（2）社交媒体管理实践：学生可以尝试建立和管理自己的社交媒体账号，作为与目标受众沟通的渠道。通过实际操作，学生可以学会发布内容、互动回应和管理社区。

（3）内容创作与优化：学生应参与短视频的创作和优化过程。在教师的指导下，学生可以尝试根据市场调研和数据分析的结果，创作符合目标受众需求的短视频内容，并根据反馈不断优化。

（4）反馈收集与分析：学生应学习如何收集和分析观众反馈。这可以通过在线调查、直播互动等方式来实现。学生需要学会从反馈中提取有用信息，并据此调整内容策略。

（5）展示与讨论：学生应定期展示自己的工作成果，包括市场调研报告、短视频作品和数据分析结果。通过展示和讨论，学生可以从同学和教师那里获得反馈，进一步优化自己的工作。

一、学习问题导入

现需要在 5 个工作日内完成 1 个护肤品短视频拍摄与制作，用于某护肤品牌在短视频社交平台上的宣传和促销。该任务由学生按照短视频脚本、利用摄影器材和道具完成拍摄，使用剪映或 Premiere 等软件进行美化、剪辑等视频后期处理；根据新媒体平台用户特点，制作吸引用户的优质视频封面，并最终达到引导下单的目标；编辑完成短视频进行交付，并在短视频平台完成发布。

如果我们要制作一个短视频，我们如何知道谁将是我们的主要观众？

二、学习任务讲解

短视频运营需精准定位目标受众，通过人口统计、用户行为分析、用户反馈及平台特性分析，细化受众定位，制定内容策略，提高用户参与度和忠诚度，实现运营目标。在确定短视频的目标受众时，关键是要了解自己的内容特点、平台特性以及受众群体的喜好和行为习惯。通过深入了解目标受众，可以更有效地制定内容策略、提升用户参与度和粉丝忠诚度，从而实现运营目标。

（一）短视频用户行为分析的重要性

短视频用户行为分析是对用户在短视频平台上的活动轨迹、观看习惯、互动行为等数据进行收集、整理和分析的过程。通过对这些数据的挖掘，可以洞察用户的兴趣偏好、消费能力、活跃时段等信息，为短视频内容的创作、推广和运营提供有力支持。

（二）数据收集与整理

要进行短视频用户行为分析，首先需要收集用户在平台上的各类数据。这些数据包括用户基本信息（如年龄、性别、地域等）、观看记录（如观看时长、观看内容类型等）、互动行为（如点赞、评论、分享等）以及消费行为（如购买商品、付费观看等）。在收集到这些数据后，需要对其进行清洗、整理和分类，以便后续分析。

（三）用户行为分析

1. 用户画像构建

通过对用户基本信息和观看记录等的分析，可以构建出用户画像。用户画像是对用户特征和行为的高度概括，可以帮助运营者了解用户的兴趣偏好、消费能力和活跃时段等信息。根据用户画像，可以针对不同用户群体制定个性化的内容策略和运营方案。

构建短视频用户画像的步骤如下。

（1）步骤一：用户信息数据分类，如图 2-2 所示。

（2）步骤二：确定用户使用场景。常用"5W1H"法，其要素及含义如表 2-2 所示。

（3）步骤三：确定用户的动态使用场景模板。

通常，动态使用场景模板涵盖以下方面：主流短视频平台的使用频率，活跃时段，周活跃时间，账号所在地点，关注的话题，哪些情况下关注账号，哪些情况下点赞，哪些情况下评论，以及用户其他特点等。

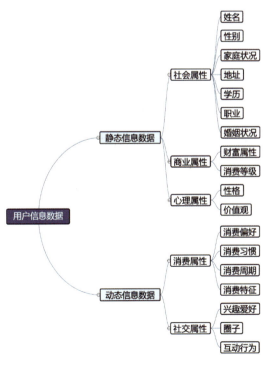

图 2-2 用户信息数据分类

表 2-2 "5W1H"法要素和含义

要素	含义
who	短视频用户
when	观看短视频的时间
where	观看短视频的地点
what	观看什么样的短视频
why	网络行为所激发的思想，如关注、转发、搜索、点赞等
how	将用户的动态和静态使用环境相结合，捕捉用户的具体使用环境

（4）步骤四：获取用户的静态信息数据，如图 2-3 所示。

（5）步骤五：形成短视频用户画像。

2. 内容偏好分析

通过对用户观看记录和互动行为的分析，可以了解用户对各类内容的偏好程度。例如，某些用户可能更喜欢观看搞笑类短视频，而另一些用户则更偏爱美食、旅行等内容。运营者可以根据这些内容偏好数据，调整内容创作方向，提高内容质量和用户黏性，如图 2-4 所示。

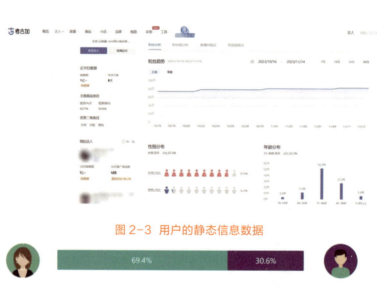

图 2-3 用户的静态信息数据

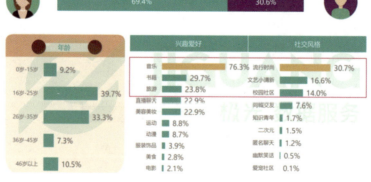

图 2-4 内容偏好分析

3. 用户活跃度分析

通过分析用户的活跃时段和观看频率，可以了解用户的活跃度和黏性。对于活跃度较高的用户，可以通过推送更多优质内容、增加互动机会等方式，进一步提高其黏性和参与度。而对于活跃度较低的用户，则需要分析原因，制定相应策略以提升其活跃度。粉丝分析如图 2-5 所示。

（四）精准定位目标受众

在分析了用户行为之后，接下来需要精准定位目标受众。目标受众定位是根据用户画像和行为数据，筛选出符合特定条件的用户群体，以便为其提供更加精准的内容和服务（见图2-6）。

1. 地域定位

根据用户基本信息中的地域信息，可以将用户划分为不同的地域群体。针对不同地域用户的文化习惯和消费水平，可以制定具有针对性的内容策略和运营方案。

2. 年龄和性别定位

根据用户画像中的年龄和性别信息，可以将用户划分为不同的目标受众群体。例如，针对年轻女性用户，可以推出更多与时尚、美妆相关的短视频内容；而针对中年男性用户，则可以推出健康、财经等领域的内容。

3. 兴趣和消费能力定位

根据用户行为数据中的兴趣偏好和消费能力信息，可以进一步细分目标受众。例如，对于喜欢旅行的用户群体，可以推出更多与旅游相关的短视频内容，并提供相关的旅游产品和服务；对于消费能力较高的用户群体，则可以推出更多高端品牌合作内容或付费观看服务。

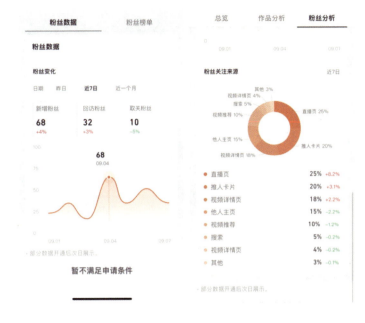

图 2-5 粉丝分析

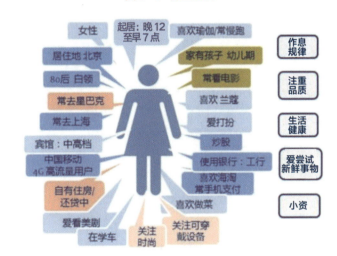

图 2-6 目标受众定位

三、学习任务小结

通过对短视频用户行为的分析和目标受众精准定位，短视频运营公司及短视频创作者可以更好地了解用户需求和市场趋势，制定更加有效的内容策略和运营方案。在实际操作中，还需要不断尝试和优化策略，以适应不断变化的市场环境和用户需求。

四、课后作业

思考如何构建目标用户画像。

故事构思与脚本创作

教学目标

（1）专业能力：掌握短视频故事构思的基本原则，包括故事结构的搭建、角色塑造和情节发展；学会运用不同的脚本撰写技巧，如悬念设置、冲突构建和情感表达，以增强故事的吸引力；熟悉短视频脚本的语言风格和格式要求，能够独立完成脚本的撰写和修改。

（2）社会能力：能够与团队成员有效沟通，共同构思和创作短视频故事；在团队工作中展现出良好的协作精神和领导能力，能够分配任务并协调团队成员的工作；能够根据目标观众的需求和反馈，调整故事内容和脚本，以提高短视频的受众接受度。

（3）方法能力：学会使用创意思维工具和方法，如思维导图、角色卡片等，来辅助故事构思；掌握时间管理和项目管理技巧，能够在规定的时间内完成脚本创作任务；能够通过自我反思和批判性思维，不断优化脚本创作过程，提高作品的质量。

学习目标

（1）知识目标：掌握短视频故事构思的基本原则，包括故事结构的搭建、角色塑造和情节发展；熟悉短视频脚本的语言风格和格式要求。

（2）技能目标：能够独立构思并撰写短视频故事大纲，明确故事的开端、发展、高潮和结局；掌握脚本撰写技巧，能够创作出具有吸引力的短视频剧本，包括有效的悬念设置和情感表达；能够运用创意思维工具，如思维导图和角色卡片，来辅助故事的构思和脚本的撰写；能够根据反馈修改脚本，提升故事的表达效果和受众的接受度。

（3）素质目标：培养创新意识和创造力，能够在故事构思和脚本创作中展现出独特的视角和创意；增强团队合作能力，能够在小组项目中有效沟通、协作，并展现出领导潜力；提高自我管理和自我反思的能力，能够按时完成创作任务并不断提高作品质量；培养批判性思维，能够客观评价自己的作品和他人的反馈，以提升创作水平。

教学建议

1. 教师活动

（1）引入与讲解：通过展示短视频案例，引导学生思考故事构思的重要性。讲解短视频故事构思的基本原则，包括故事结构、角色塑造和情节发展。介绍脚本撰写技巧，如悬念设置、冲突构建和情感表达。

（2）实践指导：展示如何使用思维导图、角色卡片等工具辅助故事构思。提供脚本撰写的示例，解释语言风格和格式要求。指导学生根据反馈修改脚本，提升作品质量。

（3）互动讨论：组织课堂讨论，鼓励学生分享故事构思和脚本创作的经验。引导学生讨论如何将主旋律和正能量融入短视频故事中。

（4）评价与反馈：对学生的故事大纲和脚本进行评价，提供具体而有建设性的反馈。鼓励学生进行自我反思，以优化创作过程。

2. 学生活动

（1）观察与学习：观看教师提供的短视频案例，分析其故事构思和脚本撰写技巧。记录教师讲解的要点，包括故事构思的原则和脚本撰写技巧。

（2）小组合作：在小组内进行头脑风暴，共同构思短视频故事。分配角色和任务，协作撰写故事大纲和脚本。

（3）实践创作：独立或合作完成短视频故事大纲的撰写。使用创意思维工具，如思维导图和角色卡片，辅助故事的构思。撰写短视频剧本，尝试运用悬念设置、冲突构建和情感表达等技巧。

（4）反馈与改进：向同学和教师展示自己的作品，接受反馈。根据反馈修改和完善故事大纲和脚本。

（5）个人发展：通过创作过程，培养创新意识和创造力。在团队合作中提升沟通、协作和领导能力。通过自我管理和自我反思，提高作品的完成度和质量。

一、学习问题导入

在当今数字媒体时代，短视频作为一种新兴的传播形式，以其独特的魅力迅速占领了人们的日常生活。无论是在社交媒体平台上，还是在各种移动应用中，短视频都以其简洁、生动、直观的特点，吸引了大量用户的关注。那么，如何创作出一部既具有吸引力又富有内涵的短视频呢？答案就在于精心构思的故事和巧妙编写的脚本。

二、学习任务讲解

短视频作为一种新兴媒体形式，正日益受到大众的关注和喜爱。在短暂的时间内能够传递简洁、有趣、触动人心的故事是短视频创作的核心。而剧本构思与故事讲述技巧则是实现这一目标的关键。

（一）剧本构思过程

（1）抓住核心主题：在创作短视频之前，首先需要确定一个核心主题，即短视频所要传递的中心思想或情感。这个主题可以是关于爱情、友情、成长的，等等。明确核心主题有助于更好地构思故事情节，并使得整个短视频更加有深度和内涵。

（2）设定角色和背景：角色是故事中的核心元素，他们的性格、身份、经历等都会影响故事发展。因此，在剧本构思过程中，需要设定好主要角色的个性特点以及他们之间的关系。此外，背景也是短视频故事中不可或缺的一部分，通过细致描绘背景，可以为故事增添更多情感和色彩。

（3）确定故事结构：故事结构是剧本构思的骨架，它包括开头、发展、高潮和结尾四个部分。开头要能引起观众的兴趣并展示出故事的基本情节；发展部分要紧扣核心主题，展示角色的成长和冲突；高潮是故事发展的关键节点，要有戏剧性和变化；结尾要有合理的收尾，给观众留下深刻印象。

（4）添加细节和情感元素：细节和情感元素是短视频中打动观众的关键。细腻的描写和真实的情感表达，能够让观众更容易产生共鸣并被故事所吸引。因此，在剧本构思过程中，要注重细节的设定，如情感、对白和动作的描写，等等。这些细节能够使故事更加生动有趣，并增加观众的情感投入。

（二）故事讲述技巧

（1）渐进式叙事：渐进式叙事是一种逐渐揭示故事真相或情节发展的叙事方式。它通过逐步暴露不同的情节线索或情感信息，能够吸引观众的注意力，激发观众的好奇心，让故事更具吸引力。例如，在剧本中可以使用回忆、时间的流逝和变化、角色的话语暗示等手法来进行渐进式叙事。

（2）反转情节：反转情节是指在故事发展过程中，改变原有情节走向的突发事件或情节转折点。通过使用反转情节，可以给观众带来意外的触动和思考，增强故事的震撼力。需要注意的是，反转情节不应过多使用，否则会让观众感到困惑和失望。

（3）直观化叙事：直观化叙事是通过形象、视觉和声音等元素直接传达故事情感或信息的一种叙事方式。短视频创作中，直观化叙事尤为重要，因为观众在有限的时间内往往通过对图像和声音等的感受来理解故事。因此，在剧本中要注重细节的描绘，通过画面、音效和配乐等手段直接传达情感和意义。

（4）引发情感共鸣：短视频的力量在于能够触动人心，引发观众的情感共鸣。为了实现这一目标，剧本中需要融入人性、情感和价值观等元素，使故事具有情感共鸣点。同时，对具体的观众群体，也应进行针对性的情感引导。

短视频创作的剧本构思和故事讲述技巧是实现情感传递的重要手段。在构思剧本时，抓住核心主题、设定角色和背景、确定故事结构以及添加细节和情感元素都是关键步骤。而在讲述故事时，使用渐进式叙事、反转情节、直观化叙事和引发情感共鸣等技巧，能够让短视频更具吸引力和影响力。通过不断学习和实践，我们可以不断提升短视频创作的剧本构思和故事讲述能力，创作出更加优秀的作品。

（三）脚本

脚本作为视频制作的基石，为我们提供了拍摄视频的依据。在视频拍摄和剪辑过程中，所有参与人员，包括摄像师、演员、服装与化妆团队、剪辑师等，他们的全部行为和动作都是遵循剧本规定的。镜头运用、景别设定以及服饰的准备与氛围的营造，都是以脚本为依据进行的。我们可以这样认为，脚本的核心功能在于预先合理规划每位成员在执行任务过程中所需完成的步骤。总的来说，脚本是为效率和结果服务的。

在没有剧本作为视频拍摄与剪辑的指导的情况下，人们可能会发现画面出现偏差，进而导致拍摄停滞。此时，为了调整场景，人们往往需要花费较多的时间；此外，演员与演员之间的沟通存在困难，剪辑师也不清楚该怎样进行剪辑。

1. 为什么要写短视频脚本

（1）脚本是短视频拍摄的框架，为短视频提供创作指导和内容框架。构建该框架后，前期准备工作、后续拍摄和剪辑环节方可有组织地进行。

（2）保证短视频拍摄质量。尽管短视频的长度有限，但如果要吸引更多观众，就必须精心打磨每一步，这包括但不限于背景、人物、道具、拍摄技巧和剪辑技巧等。

2. 脚本前期准备

在编写短视频脚本前，需要确定好短视频拍摄的思路和流程，主要包括以下几个方面。

1）拍摄定位

在拍摄前期，我们需要确定内容的表现形式，例如，是探索商品、分享推荐信息还是以小故事为主线。

2）拍摄主题

主题是通过赋予内容定义来实现的，例如，"工厂直销"和"双节同庆"等都是具体的拍摄主题。

3）拍摄时间

确定拍摄时间的目的在于提前进行组织，以确保拍摄工作的顺利进行。同时拍摄时间亦可用于制订可实施的拍摄方案，确保项目能够迅速实施并取得实际成果。

4）拍摄地点

拍摄地点非常重要。例如，拍摄野生食材需避开豪华别墅或高大建筑物，室内环境则应选普通家庭厨房或开放式厨房。这些都需要经过计划和确认。

5）背景音乐

背景音乐在短视频制作过程中起着至关重要的作用，选择合适的音乐能够确保拍摄氛围的营造和整体效果的提升。例如，在家庭短剧的拍摄中，选择流行和快节奏的音乐是必要的。在活动宣传视频制作中，采用鼓点清晰的节奏音乐也是非常重要的。在这个方面，我们需要不断积累经验，学习他人的背景音乐选择方法。

3. 脚本制作方法

在编写脚本的阶段，我们需要对每个场景进行细致的规划。本小节将着重阐述脚本制作的六个核心要点：镜头景别、内容、台词、时长、运镜和道具。

1）镜头景别

在人物拍摄中，远景镜头是将整个环境融入画面，用于呈现事件发生的时刻、地理背景、规模和氛围，例如战争场景的拍摄，如图2-7所示。

全景是指在视线范围内，将人物的身体全部展现出来，以强调人物整体表现和关联。这种镜头通常用于表现人物的整个形态或关系，如图2-8所示。

图2-7 远景

图2-8 全景

中景是指摄像师在拍摄时，能够拍摄到膝盖至头部的范围，这种镜头不仅能够让观众得以辨识人物的表情，还利于展现人物的形体动作，如图2-9所示。

近景是指拍摄人物胸部以上至头部的区域，它在表现人物的面部表情、神态方面具有优势，也可以表现人物的细小动作，如图2-10所示。

图2-9 中景　　　　　　　　　　　图2-10 近景

特写主要关注人物的面部表情、眼神、嘴部、手指或脚趾等细节，以突出关键部位，如图2-11所示。

图2-11 特写

2）内容

内容就是把想要表达的东西通过各种场景进行展示。具体来说，就是拆分剧本，把故事的内容分解在每一幕中。

3）台词

台词作为一种叙事工具，旨在为镜头呈现提供素材，发挥着画龙点睛的作用。在60秒的短视频中，为了确保语音的清晰度和流畅性，建议台词不超过180个字。

4）时长

时长指的是单个镜头的时长，提前标注清楚，便于在剪辑过程中寻找重点，提高剪辑工作的效率。

5）运镜

运镜指的是镜头的运动方式，如从较近的地方开始，逐步向远处推进，同时进行旋转式运动。短视频拍摄中常用的运镜方法如下。

推镜头：将镜头缓慢地向被摄体移动，以实现镜头的向后推进。这种运镜策略能够使观众逐渐从较远的景物过渡到较近的景物，甚至出现特写，从而更有效地突出主体。这种运镜方式能够使观众在视觉上逐步集中。

环绕运镜：拍摄环绕镜头，需要确保相机保持稳定。摄像师手持稳定器围绕被摄体旋转，便产生了环绕运镜的效果。这种视角使得主体得以突出，并能渲染情绪，从而增强了画面的张力。

低角度运镜：通过模拟宠物的视角，使得镜头以较低角度甚至接近地面的角度进行拍摄，因此，越贴近地面的场景，所呈现的空间感会更加浓厚。

采用低角度摄影技术，能够精确捕捉身体特定部位的细节，例如行走时的腿部。这种角度在多种场合均展现出卓越的视觉效果。

6）道具

道具有众多品种，用法亦多种多样。道具在拍摄过程中应起到画龙点睛的作用，为视频增添色彩，而非画蛇添足。注意不要让道具占据主导地位。

案例：校园短剧《再见，青春》脚本，如表2-3所示。

表 2-3 脚本示例

镜号	拍摄场景	景别	画面内容		运镜	台词	时长	音效
1	校园广场	远景	毕业生们在校园广场上合影留念，背景是学校标志性的建筑		镜头从高处向下拍摄，展示整个广场	毕业生甲：看，这是我们学校的标志建筑，以后再回来就难了！	5秒	校园背景音乐
2	教室	中景	毕业生们在教室里整理书本，墙上挂着毕业班的横幅		镜头从侧面平移拍摄，展示教室内部	毕业生乙：大家快收拾吧，马上就要离开了！	10秒	教室背景音乐
3	图书馆	中景	毕业生们在图书馆中合影留念，图书馆内摆满了书籍		镜头从高处向下拍摄，展示图书馆内部	镜头从高处向下拍摄，展示图书馆内部	8秒	图书馆背景音乐
4	宿舍	中景、特写	毕业生们在宿舍里整理衣物，墙上挂着毕业照		镜头从侧面平移拍摄，展示宿舍内部	镜头从侧面平移拍摄，展示宿舍内部	12秒	宿舍背景音乐
5	校园大道	远景	毕业生们手牵手走过校园大道，背景是学校的风景		镜头从侧面平移拍摄，展示毕业生们行走的画面	镜头从侧面平移拍摄，展示毕业生们行走的画面	15秒	校园大道背景音乐
6	校门口	中景	毕业生们在校门口挥手告别，背景是学校的校门		镜头从侧面平移拍摄，展示毕业生们告别的情景	镜头从侧面平移拍摄，展示毕业生们告别的情景	10秒	校门口告别背景音乐

三、学习任务小结

本次课我们深入探讨了短视频的故事构思与脚本创作，了解了短视频故事构思的基本原则。通过运用不同的脚本撰写技巧，遵循短视频脚本的语言风格和格式要求，完成短视频脚本创作。

四、课后作业

（1）为什么要写短视频脚本？

（2）观看至少两个不同类型的短视频，并分析它们各自的目标观众、传达的信息以及使用的技术和手法。写下你的观察报告，比较这两个视频在吸引观众方面的异同。

学习任务四 选题与内容规划

教学目标

（1）专业能力：使学生能够深入理解选题创意与策划的基本概念、原则及流程，掌握选题筛选与评估的方法。培养学生根据市场需求、受众分析及内容趋势，独立完成选题创意与策划的能力。强化学生在内容规划中的结构设计与故事叙述技巧，确保内容的吸引力和连贯性。

（2）社会能力：提升学生的团队协作与沟通能力，使其在选题讨论与策划过程中学会倾听、表达与协调不同意见。增强学生的市场敏感度，培养其从社会热点、行业动态中挖掘选题潜力的能力。引导学生关注社会责任，确保选题内容积极向上，符合社会主流价值观。

（3）方法能力：培养学生的批判性思维，学会评估选题的可行性与创新性。提升学生的时间管理与项目管理能力，确保选题策划工作的有序进行。

学习目标

（1）知识目标：熟悉内容规划的原则与技巧，如标题设计、内容结构、故事线索等。

（2）技能目标：掌握内容规划的具体操作方法，如编写大纲、设计故事板等。

（3）素质目标：增强审美能力和文化素养，提升内容创作的质量与品位。

教学建议

1. 教师活动

（1）设计案例分析，选取成功与失败的选题策划案例，引导学生分析原因，总结经验教训。

（2）组织小组讨论，鼓励学生就特定选题进行头脑风暴，激发创意灵感。

（3）教授市场调研与数据分析方法，指导学生收集并分析数据以支持选题策划。提供模板与工具，帮助学生完成选题策划书与内容规划大纲的撰写。

2. 学生活动

（1）参与课堂讨论，积极发表个人见解，与同学交流，进行思想碰撞。

（2）分组进行选题策划实践，从市场调研到内容规划，全程参与并协作完成。

（3）独立完成课后作业，如撰写选题策划书、设计内容大纲等，巩固所学知识。反思学习过程，总结个人在选题创意与策划方面的成长与不足，提出改进计划。

一、学习问题导入

同学们,大家好!在开始我们今天的课程之前,我想先请大家思考一个问题:在这个信息爆炸的时代,每天有无数的视频、文章、图片等内容在网络上涌现,但真正能够吸引我们注意并给我们留下深刻印象的又有多少呢?是什么让这些内容脱颖而出,成为我们口中的"爆款"或"经典"?今天,我们就来探讨这个关键的问题——选题创意与策划。

1. 选题的重要性

首先,我们要认识到选题是整个创作过程的起点,也是决定作品成败的关键因素之一。一个好的选题能够迅速抓住受众的眼球,激发他们的兴趣,为后续的内容创作奠定坚实的基础。那么,什么样的选题才算是好的?这就涉及我们的第一个学习点——选题的筛选与评估。

2. 市场调研与受众分析

在确定选题之前,我们必须要做的一项工作就是市场调研和受众分析。想象一下,如果我们不了解市场趋势,不清楚受众的需求和喜好,那么我们的选题很可能会偏离方向,无法引起共鸣。因此,掌握市场调研的方法和受众分析的技巧,对于选题创意与策划至关重要。这是我们接下来要深入学习的内容。

3. 内容规划的艺术

有了好的选题之后,接下来就需要进行内容规划了。内容规划不是简单地列出要讲述的点,而是要构建一个引人入胜的故事框架,让受众在跟随我们的叙述的过程中产生共鸣和情感连接。这需要我们具备一定的叙事能力和结构设计技巧,这也是我们课程中的一个重要学习点。

4. 创意与创新的激发

在选题和内容规划的过程中,创意和创新是必不可少的元素。它们能够让我们的作品在众多同类内容中脱颖而出,展现出独特的魅力和价值。那么,如何激发自己的创意和创新能力呢?这需要我们保持敏锐的洞察力、开放的心态和不断学习的精神。在接下来的课程中,我们将一起探索如何培养这些宝贵的品质。

二、学习任务讲解

(一)选题策划的实操步骤

1. 明确目标与定位

首先,确定创作目标是什么,是娱乐、教育、宣传还是其他。同时,明确受众群体是谁,他们的兴趣、需求及特点是什么。写下目标受众描述,包括年龄、性别、职业、兴趣等基本信息,以及他们对内容的期望和需求。

选题原则如图 2-12 所示。

图 2-12 选题原则

2. 市场调研

通过网络搜索、问卷调查、社交媒体分析等方式，收集关于选题领域的信息，了解当前的市场趋势、热门话题、竞争对手情况等。设计一份简短的问卷，向目标受众收集关于选题方向的意见和反馈。同时，浏览相关行业报告和社交媒体热门话题，整理出关键信息点。调研方法如图 2-13 所示。

图 2-13 调研方法

3. 选题筛选与评估

基于市场调研的结果，筛选出几个潜在的选题方向。然后，从创新性、市场需求、受众接受度、资源可行性等多个维度进行评估，最终确定一个最优选题。列出至少三个备选选题，并为每个选题打分，评分标准可以包括新颖性、实用性、受众兴趣度等。最后，根据总分高低选择最佳选题。

（二）内容规划的实操方法

1. 确定内容主题与核心信息

明确内容要传达什么信息，解决什么问题，或者带给受众什么价值。这是内容规划的基础。用一句话概括内容主题，并列出几个核心信息点，确保这些内容能够紧密围绕主题展开。

2. 构建内容结构

根据内容主题和核心信息，设计内容的整体结构，包括引言、正文、结论等部分。正文部分可以进一步细分为几个小节，每个小节围绕一个子主题展开。画出内容结构图，包括各个部分之间的逻辑关系和顺序。确保内容结构清晰、有条理，便于受众理解和记忆。

创意挖掘与灵感来源如图 2-14 所示。

图 2-14 创意挖掘与灵感来源

3. 设计故事线索与情节

如果内容需要讲述一个故事或经历，那么设计一条引人入胜的故事线索和情节就显得尤为重要。起伏的情节和生动的细节，可以吸引受众的注意力并激发他们的情感共鸣。编写故事大纲，包括主要人物、事件、冲突、高潮和结局等元素。确保故事线索连贯、情节紧凑且富有感染力。

在确定了内容主题、结构和故事线索之后，就可以开始编写详细的内容了。注意语言要简洁明了、逻辑清晰、信息准确。按照内容结构图或故事大纲，逐段逐句地编写内容。在编写过程中，注意保持与受众的沟通，用他们易于理解的语言和方式来表达观点和信息。

三、学习任务小结

在本次学习任务中，我们深入探讨了选题与内容规划的具体实操方式，旨在帮助学生掌握从灵感萌芽到内容成型的全过程。通过系统化的学习与实践，同学们不仅理解了选题策划的重要性，还学会了通过市场调研、筛选评估等步骤来确定最适合自己的创作方向。在内容规划方面，我们强调了明确主题与核心信息、构建合理内容结构以及设计引人入胜的故事线索等关键点。这些实操方法不仅提升了同学们的内容创作能力，还帮助他们形成了更加清晰、有条理的思考方式。此外，学习任务还强调了审核与修改的重要性。通过自我检查、同学互评以及教师指导等多种方式，同学们能够及时发现并纠正内容中的错误与不足，从而不断提高作品的质量与水平。

四、课后作业

（1）选题策划简报。

选题概述：简要介绍你选择的项目选题，说明其背景和吸引力。

市场分析：简述市场调研结果，说明市场对该选题的需求和潜力。

评估结论：基于分析，给出选题是否可行的结论及理由。

初步规划：概述项目的主要内容和预期目标。

提交：简短书面报告，不超过 300 字。

（2）内容创作片段。

主题选择：根据兴趣或专业选择创作主题。

内容片段：创作该主题下的一个精彩片段，如故事开头、技术要点阐述、产品亮点介绍等。

亮点说明：简要说明该片段的创意点或独特之处。

提交：创作片段文本及亮点说明，总字数不超过 200 字，可选择附加简短的视频、图片或音频。

学习任务 五　风格与调性确定

教学目标

（1）专业能力：理解并掌握不同风格与调性的定义、特点及其在创作中的应用，能够根据创作需求选择合适的风格与调性。

（2）社会能力：培养学生的审美鉴赏能力，使其能够欣赏并评价不同风格与调性的作品；同时，提升学生的团队协作能力，在团队创作中能够实现风格与调性的协调统一。

（3）方法能力：通过实践练习，学生能够运用所学知识，独立分析并确定创作项目的风格与调性，掌握调整风格与调性的方法与技巧。

学习目标

（1）知识目标：了解风格与调性的基本概念、分类及影响因素；掌握不同风格与调性的特点及其在创作中的作用。

（2）技能目标：能够运用所学知识分析作品风格与调性，提出个人见解；能够根据创作需求，选择合适的风格与调性，并进行有效调整。

（3）素质目标：培养创新思维和审美能力，提升艺术修养和创作水平；增强自信心和表达能力，在创作中敢于尝试和表达个人风格。

教学建议

1. 教师活动

（1）通过案例分析，展示不同风格与调性的作品，引导学生观察、分析和讨论，加深对风格与调性的理解。

（2）设计互动环节，如小组讨论、角色扮演等，让学生模拟创作情境，探讨如何根据创作需求确定风格与调性。

（3）提供实践指导，引导学生完成风格与调性确定的任务，及时给予反馈和建议。

2. 学生活动

（1）积极参与课堂讨论，分享自己对不同风格与调性的看法和感受。

（2）小组合作，共同完成风格与调性确定的任务，相互学习、交流和评价。完成课后作业，巩固所学知识，提升实践能力。

一、学习问题导入

同学们,当我们欣赏一幅画、听一首歌或看一部电影时,有没有想过是什么让我们觉得它独特、吸引人?是色彩的搭配、音乐的旋律,还是故事的情节?其实,这些都与作品的风格与调性密不可分。今天,我们就来一起探讨如何确定创作项目的风格与调性,让我们的短视频作品更加独特、有魅力。

二、学习任务讲解

短视频以其短小精悍、传播迅速的特点,成为信息传播与文化交流的重要载体。作为创作者,要想自己的作品在浩如烟海的短视频内容中脱颖而出,吸引并留住观众的视线,关键在于对作品风格与调性的精准把握与独到创新。接下来我们将通过系统化的学习,深入理解短视频创作的核心要素,特别是风格与调性在提升作品质量、塑造品牌形象、强化观众共鸣等方面的关键作用。

(一)风格与调性的基本概念

(1)风格:艺术作品在整体上呈现出的独特面貌和品格,是艺术家在创作中所表现出的个性或特点。

(2)调性:通常指作品所营造的氛围、情感色彩或整体感觉,是观众在欣赏作品时能够感受到的一种情绪或氛围。

风格与调性如图 2-15 所示。

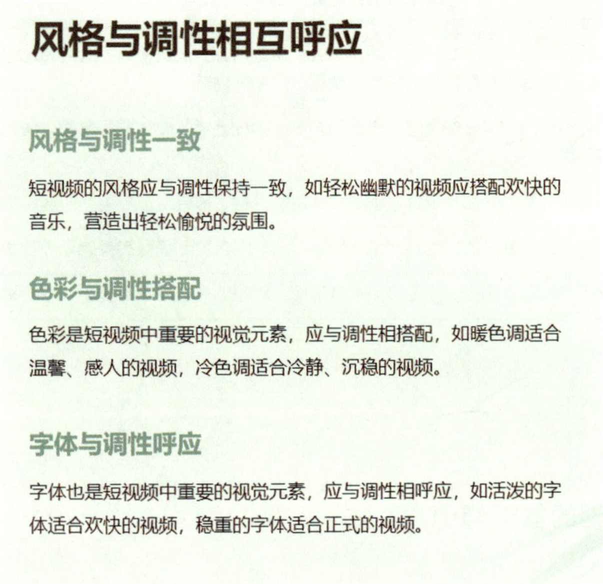

风格与调性相互呼应

风格与调性一致
短视频的风格应与调性保持一致,如轻松幽默的视频应搭配欢快的音乐,营造出轻松愉悦的氛围。

色彩与调性搭配
色彩是短视频中重要的视觉元素,应与调性相搭配,如暖色调适合温馨、感人的视频,冷色调适合冷静、沉稳的视频。

字体与调性呼应
字体也是短视频中重要的视觉元素,应与调性相呼应,如活泼的字体适合欢快的视频,稳重的字体适合正式的视频。

图 2-15 风格与调性

(二)风格的分类与解析

(1)视觉风格:包括现实主义、超现实主义、极简主义等,通过不同的画面处理和视觉呈现方式,营造独特的视觉体验。

(2)叙事风格:如线性叙事、非线性叙事、碎片化叙事等,通过故事结构的安排和情节发展的节奏,引导观众的情感走向。

(3)语言风格:包括幽默诙谐、严肃深刻、温馨感人等,通过文字、对话和旁白等形式,传递特定的情感色彩和价值观念。

短视频用户的兴趣爱好如图 2-16 所示。

（三）风格的确定与运用

创作者需根据创作目的、受众特点、市场趋势等因素，综合考虑并确定合适的风格类型。在创作过程中，应始终保持风格的一致性和连贯性，通过不断的实践与探索，逐步形成具有个人特色的风格体系。

爆款短视频打动用户的共性特点如图 2-17 所示。

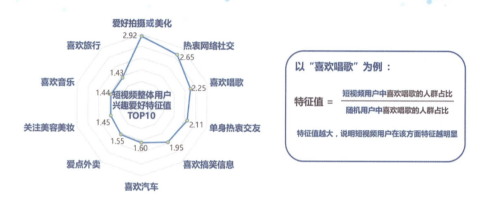

图 2-16 短视频用户的兴趣爱好

特点	说明
喜	轻松娱乐的内容能唤起用户的快乐，使用户产生愉悦感
美	从感官上给予用户美好的体验，激发用户产生向往之情，如美丽的风景、美好的事物和漂亮的人物形象
情	情是指情怀，那些被赋予情怀、满含正能量的内容，很容易激发用户的情感共鸣
利	利是指利益、好处，能够为用户带来利益、好处的内容，很容易受到用户的喜欢
奇	新奇的事物能激起用户的猎奇心，具有创意、新颖的内容更容易满足用户的需求

图 2-17 爆款短视频打动用户的共性特点

（四）调性：情感氛围的营造与引导

1. 调性的概念解析

调性是指短视频所营造出的情感氛围和整体感觉，是观众在观看过程中能够直观感受到的一种情绪色彩。它与风格相辅相成，共同构成了短视频的独特魅力。

2. 调性的分类与表现

（1）情感调性：如欢快、悲伤、怀旧、励志等，通过音乐、色彩、画面节奏等元素，激发观众的情感共鸣。

（2）氛围调性：如神秘、浪漫、科幻、日常等，通过场景设置、道具选择、光影效果等手段，营造出特定的环境氛围。

调性分类如图 2-18 所示。

3. 调性的设计与调整

创作者应根据短视频的主题内容和风格定位，精心设计调性方案。在创作过程中，需密切关注观众的情感反应和反馈意见，适时对调性进行调整和优化，以确保作品能够准确传达预期的情感氛围和价值观念。

创意构思与风格选择如图 2-19 所示。

4. 风格与调性的融合与创新

在短视频创作中，风格与调性并非孤立存在，而是相互依存、相互促进的。创作者应将二者紧密结合，通过巧妙的融合与创新，打造出既具有独特个性又能够引发广泛共鸣的短视频作品。同时，随着技术的不断进步和市场的不断变化，创作者还需要保持敏锐的洞察力和创新精神，不断探索新的风格与调性表达方式，以适应时代的发展和观众的需求。

创作过程中的调性把控如图 2-20 所示。

调性分类	示例	表现元素
情感调性	欢快	轻快音乐、明亮色彩、快速节奏
	悲伤	悲伤音乐、冷色调、缓慢节奏
	怀旧	复古音乐、复古色调、平稳节奏
	励志	激昂音乐、鲜明色彩、递进节奏
氛围调性	神秘	幽暗场景、神秘道具、昏暗光影
	浪漫	浪漫场景、浪漫道具、柔和光影
	科幻	未来场景、高科技道具、冷色光影
	日常	生活场景、日常道具、自然光影

图 2-18 调性分类

创意构思
从目标受众、主题、情感、故事情节等方面入手，构思出独特、有趣、引人入胜的短视频创意。

风格选择
根据创意构思，选择合适的风格，如幽默、温馨、悬疑、科幻等，使短视频更具吸引力和感染力。

元素融合
将创意构思与风格选择相融合，通过画面、音效、配乐等元素，营造出独特的短视频氛围。

图 2-19 创意构思与风格选择

色彩搭配
根据短视频的主题和风格，选择合适的色彩搭配，营造出相应的氛围和情感。

音乐选择
选择与短视频风格和调性相符的音乐，增强短视频的感染力和节奏感。

剪辑技巧
运用剪辑技巧，如镜头切换、画面拼接、特效处理等，使短视频更具视觉冲击力和流畅性。

细节处理
注重细节处理，如字幕、音效、画面质量等，提升短视频的整体品质。

图 2-20 创作过程中的调性把控

三、学习任务小结

在本次学习任务中,我们深入探索了调性与风格在短视频创作中的核心作用。通过理论学习与实践操作,我们理解了调性如何营造情感氛围,风格如何塑造作品个性。我们学会了根据主题和目标受众,选择合适的音乐、色彩、画面节奏等元素来构建独特的调性与风格。此外,我们还掌握了创意脚本编写、视觉元素设计、音频元素选择等关键技能,为创作出具有吸引力的短视频作品打下了坚实基础。这一学习过程不仅提升了我们的创作能力,也让我们更加深刻地认识到短视频作为现代传播媒介的无限潜力。

四、课后作业

(1)风格分析作业:选择三幅不同风格的艺术作品(可以是绘画、摄影、设计等),分析并描述它们的风格特点及其表现形式。

(2)调性实践作业:根据给定的主题(如"春日郊游"),设计一份包含色彩搭配、音乐元素或文字描述的方案,以营造出符合主题的特定调性。

(3)创作一个简短的(时长不超过1分钟)短视频,重点展现你所选择的特定调性与风格。(本作业旨在通过实际操作,让学生亲身体验并掌握短视频创作中调性与风格的应用。)

具体操作与要求如下:

①选题与构思。

选择一个能够体现你选定调性与风格的主题或情境。如果你选择的是"怀旧"调性,可以围绕旧时光、复古元素等展开;如果你选择的是"科幻"风格,则可以探索未来世界、高科技场景等。

②调性与风格规划。

明确你的短视频将要传达的情感氛围(如欢快、悲伤、神秘等)和整体风格(如复古、现代、简约等)。制订一个简要的调性与风格规划,包括色彩搭配、音乐选择、画面节奏等方面的内容。

项目三
产品短视频创意与制作

学习任务一　项目要求分析与剧本创意制作
学习任务二　分镜头（故事板）制作与拍摄前期准备
学习任务三　完成拍摄制作与作品交付验收

一、项目任务情境描述

从教师或项目组长处接受一项短视频拍摄制作的任务，现需要在 3 个工作日内完成 1 个产品短视频的拍摄与制作，用于某猕猴桃种植基地的形象打造和产品促销，并协助客户在新媒体平台发布。在接到任务后，着手调研和进行产品分析，设计出短视频脚本，使用摄像器材（包括摄影摄像设备、录音和灯光设备等）按照脚本进行分镜头及产品素材的拍摄，运用剪映专业版或 Premiere 等软件进行美化、剪辑、音效处理等视频后期处理。根据新媒体平台用户浏览特点，制作吸引用户的优质视频封面，并最终达到引导下单的目标。制作完成的短视频文件按照短视频社区平台的指定格式和存档方式交付给教师或项目组长。

接到工作任务后，领取所需的工具和设备，包括摄影机、智能手机、摄影补光灯、防抖稳定器、三脚架、收音麦克风、监听耳机，并获取猕猴桃种植基地种植方式及猕猴桃样品等产品信息，明确工作时间节点和交付要求。解读企业背景及行业细分，明确产品特点和卖点，确定短视频拍摄与制作的流程，合理制订工作计划。进行短视频脚本的编写，并交教师或项目组长审定和调整。按短视频脚本内容进行资源准备、场景布置、分镜头拍摄、制作，使用剪映专业版或 Premiere 等软件中的分割、音量、智能抠图、音频分离、转场、滤镜等工具进行美化、剪辑和后期效果处理，完成优质视频封面的制作。完成短视频初次版本后交教师或项目组长审核，根据意见进行修改，直至确定最终效果。按照现有短视频平台的要求和标准规范完成源文件，最终输出 1 份 MP4 格式、宽高比 9∶16（竖屏视频）、分辨率 720x1280 的短视频，交付给教师或项目组长。

工作过程中，遵守企业质量体系管理制度、6S 管理制度等企业管理规定，遵守《中华人民共和国著作权法》《网络短视频内容审核标准细则》《网络直播营销管理办法（试行）》，并注意版权及授权范围，不侵犯他人肖像权，保证短视频内容符合国家法律规定。工作完成后，对文件进行归档整理。

二、项目任务实施分析

1. 产品短视频任务的获取与明确

摄影师（教师）与拍摄助理一同前往某猕猴桃种植基地，与基地负责人进行深入沟通，收集关于猕猴桃种植、品种特性、市场定位等的关键信息，并进行现场拍摄。同时，了解并记录视频宣传内容和推广平台的具体要求，确保对项目有全面的了解。

【工作成果】：短视频推广分析表。

【学习成果】：客户调查。

2. 产品短视频拍摄计划的制订

拍摄助理在前期准备阶段进行市场调研和产品分析，深入研究猕猴桃的市场潜力和目标受众。同时，分析新媒体平台的用户行为和偏好，以及竞争对手的短视频内容策略，构思创意脚本，并准备相应的设备和技术，制订拍摄计划。此外，还需考虑平台流量以及视频的个性化拍摄方式，以确保视频内容的吸引力和传播效果。

【工作成果】：短视频拍摄工作计划。

【学习成果】：猕猴桃产品市场分析报告。

3. 产品短视频脚本的编写和确定

（1）与基地负责人进行深入沟通，记录基地的自然环境、猕猴桃生长情况和产品特性，同时拍摄现场照片和视频素材，为脚本创作提供直观素材。

（2）根据收集到的信息，结合猕猴桃产品的市场卖点，编写短视频脚本。脚本需突出猕猴桃的新鲜度、营养价值以及种植基地的自然环境和种植过程的科学性。脚本完成后，提交给教师审阅，并根据反馈进行调整优化。

（3）利用软件和拍摄到的现场素材，制作出猕猴桃种植基地的虚拟展示图，以及产品展示的分镜头草图，为视频拍摄提供视觉参考。

（4）参考手绘原始结构图制作短视频分镜头脚本，完成后交给教师或项目组长做短视频内容审核。

【工作成果】：猕猴桃种植基地虚拟展示图、产品展示分镜头草图。

【学习成果】：短视频脚本。

4. 根据脚本完成短视频拍摄

（1）根据调研资料和编写的短视频脚本，明确展示的重点，如猕猴桃的成熟过程、特色种植技术、产品优惠等。

（2）使用摄影机、智能手机等设备收集高质量的视频素材，同时注意录音质量，确保所有视听素材均符合制作标准。

（3）根据脚本内容进行场景布置和分镜头拍摄，拍摄过程中注意素材的质量和多样性，确保后期剪辑有足够的素材选择。

【工作成果】：猕猴桃种植基地视频素材、相关产品视频素材。

【学习成果】：短视频拍摄。

5. 产品短视频后期剪辑效果处理

使用剪映专业版或 Premiere 等软件进行视频的后期处理，包括剪辑、美化、添加音效和特效等。同时，制作符合新媒体平台用户浏览习惯的视频封面，以提高视频的吸引力和引导用户下单。

【工作成果】：完成的短视频文件、优质视频封面。

【学习成果】：后期剪辑处理方案。

6. 产品短视频的检查、修改和确认

（1）完成短视频初版后，提交给教师或项目组长进行审核，根据反馈进行必要的调整和改进。

（2）确保短视频内容准确反映猕猴桃种植基地的优势和产品特色，同时符合市场推广的需求。

【工作成果】：最终版本的短视频文件。

【学习成果】：视频内容审核反馈。

7. 产品短视频的交付和验收

（1）按照短视频发布平台的技术要求，输出最终版本的视频文件，格式为MP4，分辨率为720x1280，宽高比为9∶16，确保视频在各种设备上均可完美展示。

（2）将完成的短视频交付给教师或项目组长，并协助其在新媒体平台发布。

【工作成果】：经验收的短视频文件。

【学习成果】：短视频发布。

三、项目任务学习总目标

学习完本项目后，能完成各种类型的产品短视频拍摄与制作，并熟练掌握剪映专业版和 Premiere 软件的使用方法。培养交往与合作、创新思维、解决问题、现场调度等通用职业能力。同时，养成高效务实、细致严谨、成本意识、效率意识、审美素养、规范意识、法律意识等职业素养。培养坚定理想信念、社会主义核心价值观、劳模精神、文化自信的思政素养。具体包括以下方面。

（1）能针对接受的任务，与教师或项目组长有效沟通，采用信息记录及提取的方法获取企业名称、产品

属性及特点等信息；根据企业宣传需要和针对的目标受众群体，明确任务要求、交付时间、拍摄的整体风格和要求，具备良好的交往与合作能力。

（2）能根据任务要求，采用资料查询法和信息检索法分析并深入了解产品特征，收集品牌和产品相关信息，明确产品的卖点，突出产品与人物、场景等的关系。依据分析结果和短视频制作流程制订工作计划，具备观察分析能力，以及高效务实、细致严谨的工作态度。

（3）能根据工作计划，做好拍摄的前期准备，运用短视频脚本编写的情境法和产品代入法，增加产品的体验感并突出其特点和卖点，编写出具有情节性的短视频拍摄脚本，并按照脚本需要准备拍摄相关的设备和道具，做好空间场景的布置，确定演员、台词、妆容、服装等，具备现场调度能力、问题解决能力、良好的空间感和情节叙述能力。

（4）能按照编写好的短视频脚本调试设备、布景，合理运用光线，有效调动演员及现场气氛，应用镜头景别、拍摄角度和光线，控制好拍摄的时长，具备成本意识和效率意识；能根据脚本拍摄出相应的分镜头，具备摄影摄像的专业能力，以及坚定理想信念、社会主义核心价值观、文化自信。

（5）能根据新媒体平台视频发布的要求、用户浏览特点，运用叙述性蒙太奇等手法进行视频剪辑。使用剪映专业版和 Premiere 等软件进行合成和美化，添加音效、相应的视频转场和特殊效果，掌握视频剪辑和特效制作技术。能对短视频的整体风格进行把握，具备审美素养、创新思维以及高效务实、细致严谨的工作态度。

（6）能根据脚本和短视频平台的发布要求，对短视频的图像质量、宽高比、分辨率、时长进行核对检查，保证作品完整、符合输出标准，具备认真负责的态度和劳模精神。

（7）能根据工作时间和任务交付要求，按时交付短视频终稿，满足清晰度高、流畅性好、整洁度高、色彩曝光效果好等标准，具备时间意识、效率意识和责任意识；能严格执行合同规定以及企业的管理标准、保密制度，遵守《中华人民共和国著作权法》《网络短视频内容审核标准细则》《网络直播营销管理办法（试行）》，并注意版权及授权范围，不侵犯他人肖像权，具备规范意识、法律意识。

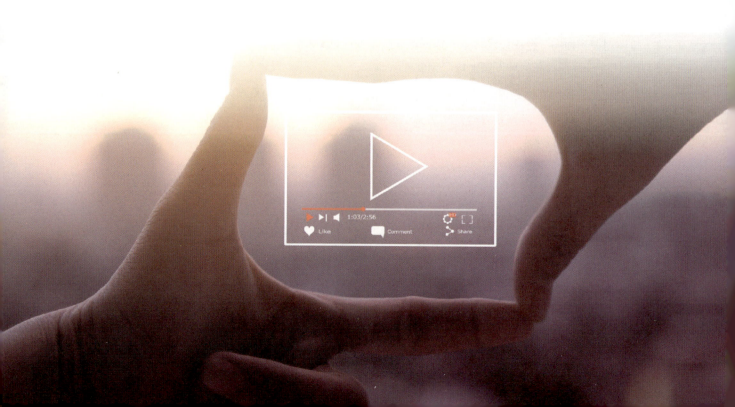

项目要求分析与剧本创意制作

教学目标

（1）专业能力：能够准确分析品牌产品的目标市场，包括消费者需求、市场趋势和竞争对手分析，为产品定位提供数据支持；能够提炼出产品的独特卖点，构建差异化竞争优势；通过故事情节展现产品特点，吸引目标受众，提升品牌传播效果。

（2）社会能力：在项目执行过程中，能够与团队成员有效沟通，共同解决问题，提升团队协作效率。培养学生以客户需求为中心的思考方式，确保产品定位和剧本创意符合市场期待。在品牌传播中融入社会责任元素，引导学生关注社会热点问题，提升品牌形象。

（3）方法能力：运用数据分析工具和方法，对市场数据进行解读，确保获取的数据准确。具备对收集到的数据和信息进行分析和评估的能力，形成有根据的产品定位策略。能适应不断变化的市场环境，持续学习和更新相关知识，保持产品定位的时效性和准确性。

学习目标

（1）知识目标：理解市场调研的基本原理和方法，包括数据收集、处理和分析的流程。熟悉产品独特卖点的提炼方法和技巧。了解剧本创意制作的基本流程和故事情节构思原则。

（2）技能目标：能够独立完成品牌产品的目标市场分析，制定产品定位策略。能够提炼并阐述产品的独特卖点，构建差异化竞争优势。能够构思并编写符合品牌调性和市场需求的剧本故事。

（3）素质目标：具备适应不断变化的市场环境的能力，能够持续更新相关知识以确保产品定位的准确性。培养创新思维和问题解决能力，提升综合素质。增强团队协作和沟通能力，培养团队协作精神。关注社会热点问题，提升社会责任感和品牌形象。培养良好的职业素养，包括高效务实、细致严谨的工作态度和法律意识。

教学建议

1. 教师活动

（1）市场调研讲解：教师详细介绍市场调研的基本理论和方法，包括数据收集、处理和分析的流程。

（2）案例分析：教师可以选择几个典型的市场案例，引导学生分析这些案例中的市场调研和产品定位策略。

（3）工具培训：教师需要教授学生如何使用各种市场调研工具，例如问卷调查软件和数据分析程序。

2. 学生活动

（1）实践操作：参与实际的市场调研项目，运用所学的工具和方法进行数据采集和分析。

（2）团队协作：在小组内分工合作，共同完成一个市场调研报告或产品定位方案。

（3）反馈交流：积极参与同伴评价，提供建设性的反馈，并根据反馈进行工作优化。

教学材料准备

1. 理论知识材料

《摄影与摄像技术》《影视剧本写作基础》《广告创意与策划》《短视频创意与制作》等参考书籍，品牌营销案例、优秀广告视频等参考资料。

2. 工具材料

（1）剧本写作模板。

（2）拍摄计划表。

（3）分镜头脚本表格。

（4）摄影设备。

（5）剪辑软件。

3. 案例分析材料

（1）失败广告案例。

（2）创意头脑风暴工具。

4. 评估材料

（1）评估标准表格。

（2）反馈问卷。

一、学习问题导入

假设你们现在要为猕猴桃种植基地制作一部宣传视频。首先，需要考虑的是产品定位问题，比如，猕猴桃的营养价值有哪些？它的目标市场是高端、中端还是低端？它的主要竞争优势又在哪里？接下来，需要深入分析目标受众，识别他们的年龄、性别、职业和收入水平，了解他们的兴趣和消费习惯。此外，必须进行竞品分析，明确市场上的类似产品，以及本产品与竞品的差异。在视频内容创作方面，要决定如何传递关键信息，选择适合目标受众的语言风格和视觉元素，并构思故事情节。发布策略也是必须考虑的，包括选择合适的传播渠道以到达目标受众。最后，需要设定成效评估标准，根据反馈优化视频内容。请大家思考这些问题，并为产品短视频拍摄项目做好准备。

二、学习任务讲解

（一）产品定位与项目要求

产品定位是一个全面而细致的过程，其核心目的在于明确并塑造公司或其产品在目标客户或消费者心中的独特形象和地位，以确保其在市场中脱颖而出。这个过程涉及多个方面，以确保产品能够满足目标市场的需求并获得竞争优势。

1. 目标市场定位

目标市场定位是产品定位的基础，河源猕猴桃的目标市场定位应充分考虑其地理气候优势、产业发展状况、品牌建设与市场营销、国际市场拓展等多方面因素。通过科技创新、产业升级、品牌建设和国际合作，将河源猕猴桃打造成为国内外知名的优质水果品牌，从而推动地方经济发展，增加农民收入，并为消费者提供更多更好的产品选择。同时，企业需要根据市场细分和消费者需求，确定产品所针对的具体消费人群和市场需求。了解消费者的需求、偏好、购买能力等信息，从而确定产品的价格、规格、品质等方面的特征。根据以下几点确定目标市场定位。

（1）优越的自然环境：河源地处粤东北山区与珠江三角洲平原地区的接合部，属山地丘陵地区，排水便利，南亚热带季风气候为猕猴桃生长提供了良好的水热条件。

（2）区域发展策略的支持：在广东省"一核一带一区"的区域发展格局中，河源属于生态功能区，地方政府对猕猴桃种植给予了大力的支持和扶助，猕猴桃种植成为当地脱贫致富的重要途径。

（3）产业规模迅速扩展：和平县引种猕猴桃成功后，经过40多年的努力，全县种植面积达到5万多亩（1亩=666.7平方米），预计年产鲜果4.5万吨，年产值约8亿元，成为全国最南端的猕猴桃生产基地。

（4）品种多样化：河源猕猴桃主栽品种有"武植3号""仲和红阳"等，且不断引进试种新品种，如"金果H16A"，以适应市场需求和提高产品竞争力。

（5）品牌化推广："和平猕猴桃"已成功注册国家地理标志证明商标，这对于提升河源猕猴桃的品牌知名度和市场竞争力具有重要意义。

（6）营销渠道多元化：和平县产的猕猴桃近70%通过互联网电商平台销往全国各地，利用网络平台的广泛覆盖和便捷性，有效拓宽了销售渠道。

（7）出口潜力巨大：随着国际合作加强以及品质的提升，中国猕猴桃在国际市场上的竞争力逐渐增强，河源猕猴桃有望进入更多国家和地区的市场。

（8）国际品牌影响力提升：通过加大研发投入，提高产品的国际标准符合度，河源猕猴桃能够在国际市场上占据一席之地。

（9）科技与创新驱动：持续引进和培育新的猕猴桃品种，加强科研力量的投入，利用现代农业科技提高产量和品质。

（10）完善产业链条：从种植、采摘、储存到加工、销售等各环节入手，完善产业链条，提升整体运营效率和效益。

（11）强化品牌建设与营销：继续加强"和平猕猴桃"的品牌推广，利用各种媒体平台提高品牌知名度，同时，应针对目标市场制定精准的营销策略，扩大市场份额。

2. 产品差异化定位

通过产品的独特设计、功能、品质、服务等属性，使产品在消费者心中形成独具特色的印象，从而获得竞争优势。猕猴桃产品可以在众多竞品中实现差异化定位，吸引特定的消费群体，从而在市场中占据独特的地位。差异化策略的成功执行将有助于品牌建立独特的品牌形象，培养消费者的忠诚度，并最终实现销售增长和品牌价值的提升。下面将从几个方面探讨猕猴桃产品的差异化定位。

（1）高端品种开发：专注于培育和推广具有独特口感、高营养价值的猕猴桃品种，如"金果H16A"等，吸引追求高端水果体验的消费者群体。

（2）有机种植：通过采用无化学农药和化肥的有机种植方式，生产出符合现代健康理念的猕猴桃，满足消费者对健康食品的需求。

（3）环保包装设计：使用可降解或可回收材料进行产品包装，以传递环保和可持续的品牌理念，吸引环保意识较强的消费者。

（4）定制化品牌包装：针对不同节日或特殊场合推出限量版包装，如春节礼盒、情人节特别包装等，提升产品作为礼品的价值。

（5）线上线下结合销售：利用电商平台和实体店铺相结合的销售模式，扩大销售渠道，提高消费者的购买便利性。

（6）专属会员服务：开设官方网站和APP，提供在线订购、一对一客服、会员积分等个性化服务，增强消费者的忠诚度和黏性。

（7）故事化营销：讲述猕猴桃背后的种植故事、文化内涵以及生产者的用心，通过故事化的内容营销，加深消费者对品牌的情感认同。

（8）互动营销活动：举办线上与线下的互动活动，如猕猴桃创意食用大赛、健康生活分享会等，增加品牌与消费者的互动。

（9）开设体验店：在主要消费市场区域设置体验店，提供猕猴桃试吃、品尝及搭配建议，增强消费者对产品的亲身体验。

（10）增值服务：提供猕猴桃菜谱、营养搭配建议等增值服务，帮助消费者更好地了解和食用猕猴桃，提升整体消费体验。

（二）剧本创意制作

1. 分析品牌产品的目标市场

在分析河源猕猴桃的目标市场时，需要考虑消费者的年龄、性别、职业、收入水平等因素来确定其主要的消费人群。通过综合分析这些因素，可以更好地制定针对性的市场策略，提升品牌的市场竞争力和消费者满意度。河源猕猴桃的目标市场主要集中在追求健康生活方式的年轻消费者群体，以及通过电商平台能够快速触达的城市市场。通过提升产品质量、加强品牌建设、优化销售渠道、创新营销策略等措施，河源猕猴桃有望在激烈的市场竞争中脱颖而出，成为国内外知名的水果品牌。

河源猕猴桃品牌在面对市场趋势和消费者需求变化时，需重点关注健康消费、数字化销售渠道以及可持续发展的趋势。消费者对个性化、信息透明度和便捷化的需求日益增加。品牌应通过定期的市场调研、数据分析

图 3-1 河源猕猴桃实景图片

来及时调整产品营销策略，同时创新产品开发、强化品牌建设，并采用多渠道营销。注重环保生产和社会责任感也是提升品牌形象和市场竞争力的关键。河源猕猴桃实景图片如图 3-1 所示。

2. 确定产品的独特卖点

确定产品的独特卖点（USP）对于河源猕猴桃品牌的市场定位和提升对消费者的吸引力至关重要。以下是对河源猕猴桃独特卖点的总结。

1）地理优势

优质产区：和平县作为中国南方重要的猕猴桃生产基地，拥有得天独厚的自然条件，包括适宜的气候、肥沃的土壤等，这些因素共同保证了猕猴桃的高品质。

绿色生产：河源地区注重环境保护和可持续发展，采用绿色、无公害的种植技术，确保猕猴桃的自然纯净，这在当今社会是一个极具吸引力的卖点。

2）品种优势

特色品种：河源猕猴桃拥有独特的品种资源，如"聪明人""丰桃峰""山角乐"等，这些品种不仅口感鲜美，而且营养丰富，具有很高的市场认可度。

图 3-2 河源猕猴桃鲜美多汁

品种创新：通过不断的品种改良和技术创新，河源猕猴桃能够提供多元化的产品线，满足不同消费者的口味和需求。

3）品质保证

严格品控：从种植到加工，河源猕猴桃实施严格的品质控制体系，确保每一颗猕猴桃都符合高标准的品质要求。

营养健康：猕猴桃含有丰富的维生素 C、膳食纤维等营养素，对提高免疫力、促进消化等有诸多益处，符合现代消费者对健康食品的追求。

河源猕猴桃如图 3-2 所示。

3. 构思故事情节

为了生动展示河源猕猴桃的独特卖点并吸引消费者，我们构思了一系列短视频广告，包括特定的场景设置、人物角色设计以及故事情节构建。这些广告旨在通过具体情境和情感化的叙述与消费者建立联系，增强品牌认同感。

1）设定广告场景

广告场景覆盖了产品从猕猴桃园到现代加工车间，再到超市货架和家庭餐桌的全过程。这些场景不仅展示了河源猕猴桃从生长到成熟、加工、销售、最终消费的完整链条，还强调了产品的新鲜和高品质。

2）设计人物角色

我们设计了四个主要角色：勤劳的果农、认真的加工工人、健康的消费者以及知识渊博的营养师。每个角色都代表了猕猴桃产业链中的一个关键环节，并通过他们的互动来展现河源猕猴桃的品质和价值。

3）构建故事情节

阳光下的孕育：故事以果农在晨光中辛勤工作开始，展示猕猴桃的生长过程和无公害种植，过渡到加工车间对品质的严格把控。

品质的守护：加工工人对猕猴桃进行品质检测和精心包装，强调了河源猕猴桃对品质的承诺，然后镜头转到消费者在超市选购满意的产品。

健康生活的选择：消费者将猕猴桃带回家，全家一起享用美味，最后通过营养师的推荐，强化猕猴桃的健康价值。

案例一：地理优势篇。

情节一：猕猴桃的旅程。

故事起：一颗猕猴桃从河源的阳光、土壤中孕育而出，展示其自然优越的生长环境。

故事承：展现果农精心呵护猕猴桃的场景，强调绿色生产和无公害种植的理念。

故事转：猕猴桃经过严格的品控流程，最终成为消费者手中的健康食品。

故事合：消费者品尝猕猴桃，感受其鲜美口感和丰富营养，满足的笑容传递健康生活的信息。

情节二：原产地探秘。

故事起：镜头带领观众深入和平县猕猴桃园，探索其独特的地理和气候条件。

故事承：专家解释河源猕猴桃独特品质与地理条件的密切关系。

故事转：展示猕猴桃从开花到成熟的全过程，强调自然成熟、无添加。

故事合：观众通过短视频感受到河源猕猴桃的自然纯净和高品质，增强品牌信任感。

案例二：品种优势篇。

情节一：品种的传奇。

故事起：介绍和平县猕猴桃的特色品种，如"聪明人""丰桃峰""山角乐"，并讲述它们的培育历史。

故事承：展示这些品种的独特口感和营养价值，与普通猕猴桃进行对比。

故事转：消费者品尝不同品种的猕猴桃，分享他们的感受和评价。

故事合：强调河源猕猴桃品种的多样性和独特性，可满足不同消费者的个性化需求。

情节二：科技育种。

故事起：科研人员在实验室进行猕猴桃品种改良和技术创新。

故事承：展示新品种猕猴桃的生长过程，突出其抗病、高产等优良特性。

故事转：新品种猕猴桃在市场上受到消费者的热烈欢迎，销量攀升。

故事合：河源猕猴桃通过科技创新，不断提升产品品质和市场竞争力。

案例三：品质保证篇。

情节一：品质守护者。

故事起：展示河源猕猴桃从种植到加工的全过程，强调严格的品质控制。

故事承：质检人员对猕猴桃进行多项检测，确保每一颗果实都符合标准。

故事转：合格的猕猴桃被包装、运输，最终到达消费者手中，保持最佳新鲜度。

故事合：消费者因河源猕猴桃的高品质而感到满意，成为忠实的品牌粉丝。

情节二：营养之旅。

故事起：以一位注重健康的消费者为主角，展示其日常生活中对猕猴桃的依赖。

故事承：通过营养师的讲解，展现猕猴桃丰富的营养价值和对健康的益处。

故事转：主角因长期食用河源猕猴桃，身体更加健康，活力四射。

故事合：倡导健康生活方式，推荐消费者选择河源猕猴桃作为日常健康食品。

案例四：品牌文化篇。

情节一：文化传承。

故事起：回顾和平县猕猴桃的历史渊源，讲述其与当地文化的紧密联系。

故事承：展示传统种植技艺与现代科技的结合，传承与发展猕猴桃文化。

故事转：河源猕猴桃成为地方特色名片，带动当地经济发展和文化传播。

故事合：消费者在享受美味的同时，也能感受到品牌的深厚文化底蕴。

情节二：品牌故事。

故事起：以一个温馨的家庭为背景，家庭成员分享食用河源猕猴桃的乐趣。

故事承：通过家族三代人的讲述，展现河源猕猴桃在家庭中的重要作用。

故事转：强调河源猕猴桃如何连接人与人之间的情感，传递爱与关怀。

故事合：河源猕猴桃不仅是健康食品，更是传递家庭温暖和情感的载体。

（三）选择视觉元素和语言风格

1. 视觉元素

在河源猕猴桃的短视频广告中，视觉元素是吸引观众并传达品牌信息的关键。以下是各个场景的视觉元素描述。

（1）阳光下的孕育——果农与猕猴桃园。

自然光线：晨光透过树叶的缝隙，形成斑驳的光影效果，营造出宁静和谐的氛围。

绿色植被：展示猕猴桃园内茂盛的绿色植被，突出自然纯净的生长环境。

果实特写：通过近距离镜头捕捉猕猴桃果实的饱满和光泽，显示其新鲜度和诱人的外观。

果农互动：果农温柔地触摸猕猴桃，展现人与大自然的和谐共处。

（2）加工车间。

现代化设备：使用干净、光亮的不锈钢设备，反映高标准的生产工艺。

工人操作：工人穿着统一的工作服，佩戴口罩和手套，展现严格的卫生操作过程。

品质检测：通过放大镜头展示品质检测的细节，如分拣、清洗、包装等环节。

（3）超市货架。

货架陈列：整齐摆放的河源猕猴桃包装盒，设计醒目，吸引消费者目光。

消费者互动：消费者伸手拿起猕猴桃，展现购买的瞬间，突出产品的吸引力。

(4)家庭餐桌。

家庭氛围：温馨的家庭餐桌布置，传达温暖和幸福的家庭氛围。

猕猴桃特写：切开的猕猴桃色泽鲜艳，汁液丰富，令人垂涎欲滴。

(5)健康生活的选择——营养师讲座。

专业背景：营养师穿着白大褂，站在展示各种专业图表和健康信息的背景前。

互动演示：营养师手持猕猴桃，向观众解释其营养价值和健康益处。

(6)健康生活场景。

运动与饮食：展示人们在健身房锻炼或户外活动后，享用猕猴桃补充能量的场景。

全家享受：家庭成员在不同场合（如公园野餐、户外旅行）享用猕猴桃，展现健康生活方式的多样性。

2. 语言风格

河源猕猴桃的短视频广告通过精心设计的视觉元素和语言风格，展现了产品的独特魅力和品牌的核心价值。视觉上，从阳光照耀的果园到现代化的加工车间，再到超市货架和家庭餐桌，广告通过生动的场景和细节，如饱满的果实、优良的种植环境、温馨的家庭氛围，以及营养师的专业形象，传达了产品的新鲜度、高品质和健康价值。语言上，广告采用亲切、温暖、专业、积极、鼓舞人心的风格，强调了河源猕猴桃的健康益处，以及选择它作为健康生活方式的一部分的重要性。这不仅在消费者与产品之间建立了情感联系，还增强了品牌的亲和力和市场竞争力，成功地将河源猕猴桃定位为健康和美味的选择。

语言风格使用案例如下。

亲切而温暖："这些猕猴桃就像我的孩子一样，看着它们一点点长大，心里满是欢喜。"

自豪而坚定："我们坚持绿色种植，让每一颗猕猴桃都承载着大自然的馈赠。"

专业而严谨："我们的每一道工序都严格把关，只为保证每一颗猕猴桃的纯正口感。"

热情而细致："从采摘到包装，我们用心呵护每一颗果实，就像对待珍贵的艺术品。"

自信而诱人："选河源猕猴桃，就是选择了健康和美味。"

轻松而愉悦："让猕猴桃的清甜，为你的生活增添一抹亮色。"

温暖而体贴："这不仅仅是一种水果，这是家的温暖，是健康的守护。"

亲切而日常："无论是作为早餐水果，还是晚餐后的甜点，猕猴桃总能带来满满的活力。"

积极而鼓舞人心："每一次选择健康，都是对自己的爱护。河源猕猴桃，与你同行。"

（四）制定发布策略

考虑目标受众的媒体使用习惯，选择合适的传播渠道。要推广河源猕猴桃并增强品牌影响力，我们可以采取多渠道的传播策略：在社交媒体平台如抖音、微博和微信上发布短视频广告，与"网红"合作以扩大影响力；在腾讯视频、优酷、哔哩哔哩等视频分享网站上传内容，优化可见度；在淘宝、天猫、京东等电商平台开设旗舰店，利用直播进行互动；在地方电视台和广播站投放广告，结合地方特色；投放户外广告，如海报和LED屏幕，吸引公众注意；在健康生活类杂志上投放广告，针对特定读者群体进行宣传；通过邮件进行个性化推送。综合这些渠道，我们能够覆盖广泛的目标受众，提升河源猕猴桃的品牌知名度和市场份额。

在春季，广告强调产品的新鲜和健康；在夏季，突出产品清凉解暑的特点；在秋季，广告聚焦产品的品质和丰收；在冬季，广告则强调产品的营养价值和增强免疫力的功效。我们还特别选择周末、节假日、早晚高峰时段以及特殊活动期间进行广告投放，以确保在人们最有可能接触和关注广告的时间点传播信息。此外，我们根据产品的供应周期和库存情况适时发布广告，以促进销售和维持市场平衡。这样的发布时间安排有助于广告精准触达目标消费者，有效提升河源猕猴桃的品牌影响力和销售业绩。

（五）设定成效评估标准

1. 确定评估指标

为了全面评估河源猕猴桃广告的效果，将关注品牌知名度、广告触达率、销售数据、网站流量、社交媒体互动、顾客满意度和忠诚度、市场占有率以及成本效益等关键指标。通过市场调研、广告平台分析工具、销售统计、网络分析、社交媒体管理工具、顾客满意度调查、市场研究报告和广告成本与收益分析等方法和工具，能够全面了解广告的表现，及时调整策略，确保广告内容和投放计划的优化，以实现最佳的市场推广效果。

2. 收集反馈信息

收集反馈信息对于评估河源猕猴桃广告效果至关重要，可以通过多种方法来获取消费者的直接体验和意见，包括在线调查、客户评论和评分分析、直接沟通、销售数据分析、市场研究以及竞争品牌比较。这些方法可帮助我们全面了解广告的实际影响，识别广告的优势和不足，从而做出针对性的调整和优化。通过有效的反馈收集，能够确保广告策略与市场需求保持一致，提升河源猕猴桃的品牌知名度和市场竞争力。

（六）脚本编写

1. 脚本故事结构和创意要点

脚本编写要确保脚本内容真实，不虚假宣传，同时通俗易懂，有人情味，避免过度煽情。最后，根据平台调性和用户偏好调整文案风格。可以遵循以下故事结构和创意要点。

（1）视频主题：河源猕猴桃的自然生长与健康益处。

视频开头（15秒内小高潮）：画面展示河源猕猴桃园的清晨，阳光透过树叶洒在果实上，镜头慢慢推进，聚焦于一颗饱满的猕猴桃。

（2）明确主题/观点：河源猕猴桃，自然生长，健康之选。

（3）搭建框架。

人物：果农、家庭消费者。

环境：河源猕猴桃园、家庭餐桌。

道具：猕猴桃、剪刀、果篮、健康报告。

（4）场景设计：河源猕猴桃园、家庭厨房、餐桌。

（5）时间把控：视频时长1~2分钟，紧凑展示内容。

（6）主题升华：视频结尾，家庭成员围坐在餐桌旁，共享河源猕猴桃，强调自然与健康的结合。

引入爆款视频原则如下。

黄金时间原则：选择用户的在线活跃时间段发布视频。

钩子定律：展示猕猴桃的美味瞬间，吸引观众继续观看。

标签原则：使用热门标签，如"健康生活""自然之味"。

（7）创意镜头设计：使用推、拉、摇、移等镜头运动方式，展示猕猴桃园的广阔和果实的细节。

（8）语言简练有力：简单介绍河源猕猴桃的自然生长环境和健康益处，字幕控制在180字以内。

（9）脚本和配乐配合：配乐选择轻快自然的旋律，营造出轻松愉悦的氛围。

（10）展示产品特点：突出河源猕猴桃自然种植、无污染、高营养价值等特点。

（11）拆解展示：可拆解展示猕猴桃的内部结构，展示其多汁和营养丰富。

（12）视频内容总结：镜头从河源猕猴桃园开始，果农在清晨采摘新鲜果实，展示其自然成熟的过程。随后，镜头转向家庭厨房，家庭成员使用河源猕猴桃制作健康果汁和甜点，强调其健康益处。视频结尾，家庭成员围坐在餐桌旁，共享美味的河源猕猴桃，强调自然与健康的结合。整个视频通过 AI 技术展示如何检测猕猴桃的品质，确保消费者获得最佳体验。

2. 脚本格式和范本

1）脚本格式

脚本是用于规范电影、电视剧本等创作文档的结构和呈现方式，确保其专业性和可读性的指导文件。脚本的基本结构包括场景标题、场景描述、角色名称和对白，需遵循统一的字体、字号、行距和边距等格式要求。此外，脚本还涉及语言风格、使用专业术语的准则，以及页码和场景编号等元素，以方便引用和组织；还包括修订记录、附录、参考资料和法律声明等部分，旨在提供全面的信息，便于脚本的编写、审阅和使用。遵循这些标准格式有助于提升整个创作流程的效率和作品的质量。接下来，我们将学习如何正确使用场景描述、角色名称、对白和镜头指示，确保脚本的一致性和专业性。注意强调格式的规范性，以便团队成员易于理解和执行。

（1）标题页。

广告标题：新鲜味觉之旅——河源猕猴桃。

作者/编剧：[您的名字]。

联系信息：[电话/邮箱]。

撰写日期：[日期]。

（2）剧本正文。

场景 1：家庭厨房。

场景描述：早晨的阳光透过窗帘洒在温馨的家庭厨房里。

角色 1：妈妈（准备早餐）。

角色 2：孩子（小明，兴奋地坐在餐桌前）。

妈妈：小明，猜猜今天的早餐有什么特别的？

小明：是不是爸爸买的那种新水果？

妈妈：（展示猕猴桃）这是河源的猕猴桃，超级新鲜，富含维生素 C！

场景 2：果园。

场景描述：镜头转向阳光下的猕猴桃园，满园尽是翠绿的猕猴桃藤蔓。

旁白：（温暖、亲切的声音）河源猕猴桃，直接从农场到您的餐桌，每一个都精心挑选，保证新鲜。

场景指示：展示果农细心采摘猕猴桃的场景。

场景 3：学校。

场景描述：小明在学校与朋友分享猕猴桃。

角色 1：小明。

角色2：小华（小明的朋友）。

小明：试试这个，这是我妈妈给我带的河源猕猴桃。

小华：哇，真好吃！在哪里可以买到？

小明：我听说他们的网站和本地超市都有售。

场景4：家庭晚餐。

场景描述：晚餐后，全家人在餐桌旁享用猕猴桃。

角色1：爸爸。

角色2：妈妈。

爸爸：今天工作很忙，但吃一口这猕猴桃，感觉整个人都精神焕发了。

妈妈：它们不仅美味，还非常健康，是我们全家的正确选择。

（3）结尾页。

版权信息：河源猕猴桃广告有限公司。

制作声明：本广告创意及剧本归河源猕猴桃广告有限公司所有。

其他法律或生产注意事项：使用产品图像和商标须获得公司授权。

2）范本

下面提供一则短视频脚本范本——河源猕猴桃广告脚本《自然的味道》，供大家参考学习。

（1）开场场景。

画面：晨雾缭绕的河源山脉，阳光透过树叶，照亮一片翠绿的猕猴桃园。

旁白："在这片被自然怀抱的土地上，孕育出了一种独特的美味——河源猕猴桃。"

（2）故事桥段。

故事桥段一：自然种植。

画面：勤劳的果农在猕猴桃园里辛勤工作，展现自然种植的过程，无化肥、无农药。

旁白："我们坚持自然种植，拒绝化学添加，只为保留最纯净的自然味道。"

故事桥段二：精心采摘。

画面：果农精心采摘成熟的猕猴桃，确保每一颗果实都完美无瑕。

旁白："每一颗猕猴桃，都是我们精心挑选的成果，只为呈现最好的品质。"

故事桥段三：家庭分享。

画面：一个家庭在餐桌上享用猕猴桃，孩子们喜笑颜开，父母脸上洋溢着幸福。

旁白："河源猕猴桃，不仅是美味的水果，更是与家人共享的幸福时光。"

故事桥段四：健康生活。

画面：年轻人在户外运动后，享用猕猴桃补充能量，展现活力和健康。

旁白："富含维生素C和膳食纤维，河源猕猴桃是你健康生活的伴侣。"

（3）结尾场景。

画面：猕猴桃园的傍晚，果农的身影在夕阳下显得格外温馨。

旁白："河源猕猴桃，来自大自然的馈赠。品味自然，享受健康。让我们一起，感受自然的味道。"

（4）结束语。

画面：出现河源猕猴桃的品牌标识和口号。

旁白："河源猕猴桃，自然的味道，健康的选择。"

这段脚本通过具体的故事桥段和旁白，展示了河源猕猴桃的自然种植、精心采摘、家庭分享等场景，旨在塑造品牌形象，引发消费者的情感共鸣，并强调产品健康和自然的特点。

三、学习任务小结

通过本次学习任务，掌握品牌定位与市场分析的基本方法，学会提炼产品独特卖点，构思并编写符合品牌调性和市场需求的剧本故事。同时，培养团队协作精神、客户导向思维和社会责任感等。在学习过程中，运用数据分析工具和方法，对市场数据进行解读和分析，为产品定位提供科学依据。此外，通过创新思维和解决问题能力的训练，探索新的产品定位和剧本创意，有效应对项目中的挑战。最终，学生能够独立完成品牌产品的目标市场分析、产品定位策略制定、剧本故事构思与编写等任务，为未来的职业发展奠定坚实基础。

四、课后作业

（1）根据所选的品牌进行产品定位分析。

（2）撰写所选产品的产品定位与目标受众分析报告，并初步构思产品视频拍摄内容。

学习任务二 分镜头（故事板）制作与拍摄前期准备

教学目标

（1）专业能力：能够根据广告创意，合理划分镜头，设计镜头切换与运动，确保故事情节流畅且富有视觉冲击力。掌握角色塑造、镜头设计、画面设计的要点，能够制作完整且富有创意的广告故事板。能够准确选择合适的拍摄地点，营造符合品牌调性的氛围。熟悉拍摄所需的所有准备工作，包括设备检查、演员调度、场景布置等。

（2）社会能力：在与团队成员、客户或其他利益相关者进行交流时，能清晰准确地传达想法和反馈。能在团队环境中协作，尊重不同角色的意见和工作，共同完成项目。在需要时能带领团队向目标前进，展现组织和协调能力。对团队和个人的想法进行批判性分析，确保创意方案和执行计划的质量和效果。能灵活应对变化，包括项目需求的变动、时间限制或资源限制。

（3）方法能力：能够预见并解决可能出现的问题，确保拍摄顺利进行。合理规划拍摄流程，确保项目按时、按质完成。

学习目标

（1）知识目标：理解分镜头制作的基本原理和步骤。掌握故事板制作的关键要素，包括角色塑造、镜头设计、画面内容设计等。了解拍摄地点选择的原则和方法。熟悉拍摄前期准备的所有环节和注意事项。

（2）技能目标：能够独立完成广告的分镜头制作和故事板设计。能够根据广告需求，选择合适的拍摄地点。能够组织并完成拍摄前期的所有准备工作，确保拍摄顺利进行。能将脚本内容转化为视觉化的故事板，包括设计关键镜头和安排时间线；了解拍摄地点选择的原则和方法；熟悉拍摄前期准备的所有环节和注意事项。

（3）素质目标：培养项目规划和管理能力，确保项目按时交付且满足质量要求。提高时间管理能力，有效处理多任务，确保各环节按时完成。学习和利用最新技术、行业趋势和媒体资源，提升视频内容的吸引力。对拍摄的视频内容进行自我评估，确保其符合既定目标和标准。完成项目后进行反思和总结，持续改进未来工作。

教学建议

1. 教师活动

（1）理论讲解：介绍产品特性与目标市场的重要性，并解释如何根据这些信息产生创意点。教授故事线的构建方法，确保故事情节与产品特点自然融合。演示视觉元素的应用，包括构图、色彩、光影和运动等，以增强故事表达。

（2）软件操作指导：进行剪映专业版和 Adobe Premiere 软件的操作演示，详细解释其功能和操作方法。

（3）案例分析：展示成功的产品视频案例，分析其创意构思、故事叙述、视觉效果等。

（4）实践指导：指导学生使用拍摄设备和编辑软件进行视频制作，提供实时反馈和建议。学生将脚本内容转化为视觉化的故事板，包括设计关键镜头和安排时间线。

（5）项目规划与管理：教授项目规划和管理方法，确保学生按时交付项目且满足质量要求。

2. 学生活动

（1）创意构思：独立产生与产品和市场紧密相连的创意，并将其转化为有吸引力的故事线。应用视觉元素来提升故事的表达力，包括构图、色彩、光影和运动等。

（2）软件操作实践：使用拍摄设备和编辑软件进行高质量视频制作，熟练掌握剪映专业版和 Adobe Premiere 的功能和操作方法。

（3）团队协作：在团队中清晰准确地传达想法，与他人协作完成项目。在需要时带领团队，展现出组织和协调能力，并对团队和个人的想法进行批判性分析。

（4）项目规划与执行：参与项目规划和管理，确保项目按时交付且满足质量要求。学习研究和利用最新技术、行业趋势和媒体资源，提升视频内容的吸引力。对拍摄的视频内容进行自我评估，确保其符合既定目标和标准。

（5）反思与总结：完成项目后进行反思和总结，持续改进未来工作。

一、学习问题导入

（1）进行市场研究，分析目标消费者的偏好，确保创意内容符合目标受众的期望和兴趣。

（2）提出与产品特性和目标市场紧密相连的创意点，并构建一个有吸引力的故事线，确保故事情节与产品特点自然融合。

（3）应用视觉元素如构图、色彩、光影和运动等，增强故事表达，并使用拍摄设备和编辑软件进行高质量的视频制作。

（4）编写符合视频叙事需求的脚本，并将脚本内容转化为视觉化的故事板，包括关键镜头设计和时间线安排。

（5）在团队环境中协作，尊重不同角色的意见和工作，共同完成项目，并在需要时带领团队向目标前进。

（6）对拍摄的视频内容进行自我评估，确保其符合既定目标和标准，并在项目完成后进行反思和总结，以便未来工作的持续改进。

二、学习任务讲解

（一）分镜头制作

（1）创意理解：仔细研读广告剧本，理解故事的情节、角色和主题。确定广告的核心信息和情感诉求，为分镜头制作奠定基础。例如：围绕猕猴桃的生长环境、采摘过程、营养价值以及消费者对它的喜爱等方面展开，通过展示自然美景和猕猴桃的种植、采摘、加工过程，以及最终产品，提升观众对河源猕猴桃品牌的认知，强调产品的新鲜度、营养价值，从而激发观众的购买欲望，同时传递高品质和生态环保的品牌形象。

（2）画面构思：根据剧本内容构思画面，考虑构图、角度、景别、色彩等因素，力求通过画面传达出广告的创意和情感。例如：广告以高空俯瞰河源自然景观开场，接着展示农民在田间种植猕猴桃，突出绿色主题。采摘场景通过特写镜头强调果实的新鲜感。加工环节展示产品包装的过程，色彩多样化。产品展示强调外观和质感，画面明亮。品牌宣传结合动画与实景，风格统一。结尾慢镜头展示自然风光，色彩渐变。片尾字幕简洁，背景为自然风光或猕猴桃园。整体通过视觉元素传达河源猕猴桃的自然、健康形象，吸引观众。

（3）绘制故事板：使用绘画工具或软件，将构思好的画面绘制成分镜头（故事板）。每个分镜头应包括画面内容、景别、镜头运动方式、时间长度、台词等信息，以便拍摄团队能够清晰地理解拍摄要求。

（4）审核与修改：与团队成员一起审核故事板，听取意见和建议。根据审核结果，对故事板进行修改和完善，确保其符合广告创意和拍摄要求。

（二）广告故事板制作要点

1. 角色塑造

在河源猕猴桃广告故事板中，角色形象应当正面、亲切，体现出品牌的亲民和温馨特质。例如，可以展示一位父亲与孩子一起享用猕猴桃的场景，强调家庭的健康生活方式；或者一位职场女性将猕猴桃作为健康零食来缓解工作压力。

2. 镜头设计

（1）景别运用丰富：广告应使用多种景别来表达不同情感和产品特点。开场可用全景或中景营造温馨的家庭氛围；通过近景或特写捕捉人物表情和猕猴桃的新鲜感；适时使用微距或低角度拍摄，展现猕猴桃的细节。这样的设计不仅能吸引观众的注意力，还能有效传达产品优势。

（2）时长合理分配：每个镜头的时长应恰当控制，保证广告节奏流畅、信息清晰。如开篇 5 秒设定场景，主体展示 20 秒，产品特点介绍 10 秒，用户互动 5 秒，情感高潮 10 秒，结尾呼吁 5 秒，总计 55 秒。

3. 画面内容精心设计

（1）开篇场景（5 秒）：展示一个充满阳光的河源果园，果实挂满枝头，通过全景镜头捕捉河源的美丽风光与丰收的画面，建立起产品的原产地形象。

（2）产品介绍（15 秒）：通过中景和特写镜头展示猕猴桃的细节，强调其新鲜度；展示手工采摘和挑选过程，强调产品的高品质。

（3）食用演示（20 秒）：通过近景和特写镜头演示猕猴桃的食用方法，比如作为健康零食、沙拉的配料或鲜榨果汁，展示不同年龄和职业的人群享受猕猴桃的场景，体现其广泛的消费者基础。

（4）食用情景（20 秒）：通过一系列快速切换的画面展示不同人群在各种场合享用猕猴桃的情况，突出其便携和即食的特性。

（5）情感连接（10 秒）：利用特写镜头捕捉家庭成员之间通过共享猕猴桃而增进感情的温馨瞬间，如一家人围坐在一起品尝猕猴桃，展现幸福的家庭生活。

（6）安全保障（5 秒）：展示河源猕猴桃的安全生产过程，包括无污染的种植环境和严格的质量控制，增强消费者的信任感。

（7）结尾呼吁（5 秒）：以醒目的 LOGO 和简洁有力的口号结束，例如"河源猕猴桃，每一口都是自然的赠予"，并引导观众扫描二维码了解更多信息或购买产品。

4. 台词与音效

（1）旁白简洁有力：广告中的旁白应直接突出河源猕猴桃的核心优势，例如"河源猕猴桃，自然之选的美味与健康"。言简意赅的表达方式能更有效地传达产品的价值和品牌理念。

（2）角色台词符合情境：角色之间的对话要贴近实际生活，符合具体情境，如家长夸赞猕猴桃的新鲜，孩子兴奋地谈论这种水果的美味，这些台词应自然真实，能够引起观众的共鸣，增强广告的感染力。

（3）音乐／音效搭配恰当：背景音乐应选择温馨轻快的旋律，与家庭氛围相契合；搭配合适的音效，如切割猕猴桃的声音，增强广告的真实感和沉浸感。音乐和音效的恰当使用能让广告更加生动，更能打动人心。

（三）拍摄地点选择

拍摄地点的选择对于广告故事板的制作至关重要，具体地点应体现产品特性和品牌价值。以下是河源猕猴桃广告可能选择的拍摄地点。

1. 河源的自然农场

选择理由如下。

（1）展示原产地魅力：在河源的农场拍摄可以展示猕猴桃的自然生长环境，突出产品的新鲜和天然属性。

（2）增强品牌信任：通过展现猕猴桃的实际种植和收获过程，可以加强消费者对品牌的信任感。

（3）自然背景的美：利用自然景观作为背景，增强广告的视觉吸引力，使产品显得更加诱人。

2. 家庭环境

选择理由如下。

（1）情感共鸣：在典型的家庭环境中拍摄，可以使观众与广告产生共鸣，增强广告与观众的情感连接。

（2）展示产品多样性：可以展示猕猴桃在不同生活场景中的应用，如作为早餐水果、零食或烹饪原料，强调其多功能性。

（3）跨代沟通：通过家庭成员之间的互动，可以展现猕猴桃如何成为维系家庭关系的纽带。

3. 办公环境

选择理由如下。

（1）覆盖广泛的目标群体：在办公环境中拍摄可以吸引职场人士，特别是注重健康食品的消费者。

（2）强调便携和即食：展示工作间隙享用猕猴桃的便利，强调其作为一种健康即食水果的优势。

（3）生活方式的体现：将猕猴桃融入忙碌的工作日，展示其如何帮助现代人保持健康的生活方式。

4. 户外环境

选择理由如下。

（1）强调活力和健康：户外活动与健康生活方式紧密相关，展示在户外享用猕猴桃可以强化其健康形象。

（2）多样的食用场景：可以在多种户外活动（如远足、野餐）中展示猕猴桃，证明其适合各种活动。

（3）自然与产品的和谐：在自然环境中享用天然产品，加深观众对产品纯净和自然属性的认识。

（四）拍摄前期准备

（1）场地勘察。

根据广告剧本的要求，寻找合适的拍摄场地。考虑场地的光线、背景等环境因素，确保场地能够满足拍摄需求。进行场地勘察时，要注意场地的安全性和可操作性，避免出现意外情况。

（2）演员选拔。

根据广告剧本的角色要求，选拔合适的演员。考虑演员的形象、气质、表演能力等因素，确保演员能够胜任角色。进行演员选拔时，可以通过面试、试镜等方式，了解演员的实力和潜力。

（3）设备准备。

根据拍摄需求，准备好所需的拍摄设备和道具，包括摄像机、镜头、三脚架、灯光设备、录音设备等。确保设备的性能良好，能够满足拍摄要求。同时，要准备一些备用设备，以防设备出现故障。

（4）短视频类型。

①宣传视频：通过展示猕猴桃的吸引力和品牌故事，强调产品的独特卖点。例如，可以制作一部短片，展示猕猴桃的生长过程、丰收场景以及消费者品尝的镜头，让观众感受到产品的独特之处。

②教育内容：介绍猕猴桃的营养价值和健康益处，采用解释性的内容形式。例如，可以制作一部动画短片，详细解释猕猴桃的营养价值，以及它对身体健康的益处。

③娱乐短片：通过幽默内容或情感故事吸引观众。例如，可以制作一部幽默短片，讲述种植者在种植过程中遇到的趣事，让观众在笑声中了解猕猴桃。

（5）视觉风格。

①实拍风格：展示真实的种植场景和产品特写，增加真实感。例如，可以使用高清摄像机拍摄种植基地的美景和猕猴桃的特写镜头，让观众感受到产品的自然和新鲜。

②动画风格：用于解释性内容，如详细介绍猕猴桃的营养成分，让观众在轻松愉快的氛围中了解产品。

③混合媒体：结合实拍和动画风格，增加视频的吸引力和趣味性。例如，可以将真实的种植场景和动画介绍结合起来，制作一部既有真实感又有创意的短片。

（6）演绎方法。

①角色扮演：种植者讲述自己的故事，增加故事的真实性和可信度。例如，可以邀请种植者亲自出镜，讲述他与猕猴桃的故事，让观众感受到他的热情和专业。

②主持人解说：专业主持人介绍猕猴桃的特点，增加信息的权威性。例如，可以邀请一位知名的美食主持人，详细介绍猕猴桃的口感、营养价值和健康益处，让观众更加信服。

③用户见证：真实消费者分享食用体验，增加产品的可信度和吸引力。例如，可以邀请一些真实的消费者，让他们分享自己品尝猕猴桃的感受和体验，让观众感受到产品的受欢迎程度。

（7）拍摄计划制订。

根据广告剧本和分镜头（故事板），制订详细的拍摄计划，包括拍摄时间、拍摄地点、拍摄顺序、演员安排、设备使用等。确保拍摄计划合理、可行，能够高效地完成拍摄任务。

（8）分镜头脚本。

在猕猴桃广告的拍摄过程中，根据广告剧本，需要制订一份详细的分镜头脚本。分镜头脚本将明确以下内容：每一个镜头的景别，包括特写、中景、全景等；画面内容，如猕猴桃的特写、果园的全景、人物互动等；台词，确保每个角色的对白准确无误；音乐和音效的具体要求，如背景音乐的风格、音效的时机等。通过分镜头脚本，拍摄团队可以更清晰地理解广告的创意和意图，从而在拍摄过程中更加高效地执行任务，确保最终的广告成品能够达到预期的质量标准。分镜头脚本模板如图 3-3 所示。

镜号	场景	画面	景别	时间	摄法	对白	音效	音乐
1								
2								
3								
4								
5								
6								
7								
8								
9								
10								
11								
12								
13								
14								
15								
16								
17								

图 3-3 分镜头脚本模板

（9）拍摄时间表。

为了确保猕猴桃广告的拍摄工作顺利进行，需要制订一份详尽的拍摄时间表，合理安排每一天的拍摄时间和进度。考虑到季节变化对猕猴桃果园的画面效果的影响，以及光线条件对拍摄质量的影响，将选择在最佳的时间段进行拍摄，例如清晨或傍晚。此外，时间表中还要预留足够的时间用于设备的调试、演员的排练以及对突发情况的处理，确保拍摄工作能够顺利进行，避免因时间紧迫而影响最终的广告质量。拍摄时间表模板如图 3-4 所示。

（10）备用方案。

为应对可能出现的各种突发情况，如天气变化、设备故障等，需要制订一份周密的备用方案。例如在拍摄期间遇到恶劣天气，导致无法在室外进行拍摄，可以考虑在室内搭建一个类似果园的

时间：8 月 25 日		分镜数：		集中地：酒吧 集中时间：8:30					片场总负责人：			
时间段	拍摄时间	幕数	分镜	机位	灯光	布景	录音	演员	服装	化妆	道具	备注
9:00 — 18:00	1.5h	（外景）郊外道路	12	1				谭思 / 群演 4 名	运动服	需要	水壶，耳机	
			13	1								
	2h	（外景）山顶	4	1				谭思	登山服	需要	登山装备	
			5	1				谭思	登山服	需要		
			6	1				谭思	登山服	需要		
			7	1				无				（散景） 爬山，周边环境描写
			8	1				谭思	登山服	需要		
	2h	（外景）沙滩	9	1				谭思/女群演 2 名	沙滩休闲服饰（沙滩裤，泳衣）	需要	排球、墨镜	
			10	1								
			11	1								
20:00 — 22:00	2h	（外景）沙滩	14	1				谭思、群演 4 名	沙滩裤或休闲服饰	需要	篝火、吉他、啤酒	
			15	1								
			16	1								
			17	1								
			荧光绘	1	需要			群演 5 ~ 6 名				

图 3-4 拍摄时间表模板

场景，利用人工光源模拟自然光线，以保证拍摄效果不受影响。此外，提前准备好备用设备，以应对设备故障，确保拍摄工作能够迅速恢复，避免因设备问题导致的拍摄延误。制订这样的备用方案，可以最大限度地减少突发情况对拍摄进度和质量的影响。

（11）沟通与协调。

①沟通：与演员、拍摄团队、场地管理方等各方进行充分的沟通，确保大家对拍摄计划和要求有清晰的了解。及时解答各方的疑问，确保拍摄工作能够顺利进行。

②协调工作：协调各方的工作安排，确保拍摄过程中不会出现冲突和矛盾。例如，协调演员的时间安排，确保其能够按时到达拍摄场地；协调拍摄团队的设备运输和安装，确保设备能够及时到位。

以下是该猕猴桃广告拍摄前期准备要点。

（1）制订拍摄计划和时间表。

详细日程：根据广告故事板的细节和选定的拍摄地点，制订拍摄计划和时间表。计划中应涵盖每个场地的到达、布置、拍摄及清理的具体时间。

备用方案：考虑到不可预测的天气和其他不可控因素，制订备用计划以保证拍摄进程不受干扰。

（2）场地勘察与选择。

实地勘察：亲自前往潜在拍摄地点进行实地考察，评估光线条件、背景环境、可能的噪声干扰等，确保场地符合拍摄需求。

获取许可：确保拍摄场地已经得到合法授权，特别是私人地产或需要特别许可证的公共地点。

（3）演员和工作人员组织。

演员招募：依据角色的具体要求招募合适的演员，并通过试镜与彩排确保他们能够准确呈现角色特点及广告主题。

专业团队建设：集结一支由导演、摄影师、灯光技师、音频工程师等专业人员构成的拍摄团队，负责各个环节的专业执行。

（4）设备准备。

摄影装备：准备必需的摄影设备，如相机、镜头、三脚架、滑轨等。

灯光与录音设备：确保灯光设备到位以控制拍摄现场的光线效果，同时备齐声音录制设备。

（5）道具和服装准备。

道具准备：根据剧本要求准备所有必要的道具，如猕猴桃、餐具、家具等，确保每一件道具都符合广告的主题和风格。

服装搭配：为演员准备合适的服装，确保服装与角色设定和广告整体风格一致。

（6）技术和后勤支持。

技术检查：在开拍前进行全面的设备和技术检查，确保所有设备运行正常，预防技术故障。

后勤保障：安排饮食和交通等后勤支持，确保团队成员在拍摄期间的基本生活需求得到满足。

（7）法律和保险。

合同和协议：让所有参与人员签署合同，明确各自的职责、权利和义务。

保险准备：为设备、演员及工作人员购买必要的保险，以防意外发生。

细致的前期准备工作，为河源猕猴桃广告的拍摄提供了强有力的保障。这不仅使得拍摄过程得以高效顺畅地进行，还确保了能够捕捉到高质量的画面，创作出既富有创意又充满视觉冲击力的广告作品，最大化了广告的视觉影响力，极大地提升了目标观众的观看体验。

三、学习任务小结

本次学习任务深入了解了猕猴桃广告拍摄前期的各项工作，包括分镜头制作、故事板设计、拍摄地点选择以及拍摄前的各项准备工作。通过实践，学生将掌握这些关键技能，并能够独立完成广告的前期策划与准备工作。同时，学生将在团队协作、创新思维和问题解决等方面得到锻炼和提升。此外，学生还将学会关注细节，确保广告拍摄的顺利进行和最终效果。

四、课后作业

请根据以下内容完成短视频的创意构思和故事板制作，并进行实际拍摄与交付。

（1）产品短视频创意构思。

①视频主题：猕猴桃种植基地形象打造与产品促销。

②目标受众：对健康食品感兴趣的消费者，尤其是追求天然、有机食品的年轻群体。

③核心信息：强调猕猴桃的新鲜、健康、营养价值以及种植基地的自然环境和有机种植理念。

④视频风格：清新自然，充满活力，同时带有一定的教育意义，展示种植过程和产品特点。

⑤结尾呼吁：引导观众通过扫描视频中的二维码或访问指定链接进行产品购买。

（2）故事板制作。

①开场：展示种植基地的全景，阳光明媚，绿意盎然，营造出自然和谐的氛围。

②产品介绍：通过特写镜头展示猕猴桃的外观，再用切片展示其果肉的鲜美多汁。

③种植过程：使用分镜头展示从种植到收获的整个过程，强调有机种植和无污染。

④品尝体验：邀请消费者品尝猕猴桃，并通过他们的表情和语言表现产品的美味和健康。

⑤结尾：展示基地的工作人员忙碌的场景，强调产品的手工挑选和包装过程，最后出现产品购买信息。

（3）后期制作注意事项。

①确保视频画面清晰，色彩自然，符合产品形象。

②音乐和音效要与视频内容和风格相匹配，增强观看体验。

③视频封面要吸引人，简洁明了地传达视频主题，使用醒目的文字和图像。

④视频长度要适中，确保在短时间内传达所有关键信息，同时吸引用户观看至结尾。

（4）交付格式与要求。

①视频格式：符合短视频社区平台的要求，如 MP4 或 MOV 格式。

②分辨率：至少为 1080P 高清。

③音频：确保音质清晰，无杂音。

④存档方式：按照教师或项目组长指定的方式进行存储和命名，便于识别和检索。

学习任务三 完成拍摄制作与作品交付验收

教学目标

（1）专业能力：能够熟练运用视频剪辑软件进行产品短视频的精准剪辑，包括画面拼接、速度调整、色彩校正等。掌握视频特效的添加与应用，包括转场特效、动画效果、滤镜等，能够根据产品特性创造具有吸引力的视觉效果。理解声音设计对视频氛围营造的重要性，能够独立完成背景音乐选择、音效添加及配音录制，使听觉体验与视觉内容完美融合。具备细致入微的视频检查能力，能识别并修正视频中的瑕疵，如画面抖动、音频不同步等问题，确保视频质量。熟悉各大新媒体平台的视频发布规则，掌握视频数据分析方法，根据用户反馈持续优化视频内容。

（2）社会能力：在后期制作过程中，能够与团队成员有效沟通，参与集体讨论，共同完善脚本和呈现方式的选择。理解客户需求，能够根据产品特性和目标受众调整视频风格，提供定制化服务。能积极接受并处理来自同伴、教师或项目组长的反馈，对脚本和呈现方式进行适当调整。

（3）方法能力：运用项目管理工具，合理规划后期制作流程，确保项目按时、高质量完成。持续关注视频制作领域的最新技术和趋势，不断提升个人技能，适应市场需求变化。运用数据分析工具，对视频表现进行量化评估，根据反馈结果不断优化视频内容。

学习目标

（1）知识目标：掌握视频剪辑软件的基本操作与高级功能。理解视频特效的种类、应用场景及实现方法。了解声音设计的基本原则与技巧。熟悉新媒体平台的视频发布流程与规则。掌握视频数据分析的基本方法与工具。

（2）技能目标：能够独立完成产品短视频的后期制作，包括剪辑、特效添加、声音设计等。能够根据视频检查清单，发现并修正视频中的常见问题。能够在新媒体平台上发布视频，并进行初步的数据分析与反馈收集。

（3）素质目标：培养严谨细致的工作态度，注重视频质量与细节。增强创新思维与问题解决能力，不断提升个人技能。提升团队协作与沟通能力，适应快节奏的工作环境。

教学建议

1. 教师活动

（1）讲解基础知识：教师详细介绍短视频脚本撰写的基本原则、结构和格式，确保学生对脚本写作有基本的理解和认识。

（2）提供案例分析：通过展示不同类型的成功短视频案例，帮助学生理解各种视频呈现方式和剪辑技术的应用，并鼓励学生分析这些案例的成功之处。

（3）指导市场调研和受众分析：教师指导学生进行市场调研和受众分析，包括如何使用相关工具和方法，以确保能够准确地把握目标受众的需求。

（4）组织团队协作活动：教师设计团队协作项目，让学生在实践中学习团队合作、沟通和冲突解决技巧，同时提供反馈和指导。

（5）监督项目进度：教师定期检查项目进度，确保学生按时完成脚本撰写、视频拍摄和编辑等任务，并提供必要的帮助和建议。

2. 学生活动

（1）参与基础学习：积极参与教师组织的基础知识讲解，认真学习短视频脚本撰写的基本规则和结构，为后续创作打下坚实基础。

（2）进行案例研究：主动观看和分析不同类型的短视频案例，从中学习并总结不同呈现方式和技术应用的特点，以提升自己的创作灵感和技能。

（3）开展市场调研：按照教师的指导，进行市场调研和受众分析实践，收集数据并进行分析，以确保脚本内容和呈现方式与目标受众的期望相符。

（4）参与团队协作：在团队项目中扮演积极角色，与队友合作完成脚本撰写、视频拍摄和编辑等工作，同时锻炼沟通和协作能力。

（5）管理项目进度：学会自主管理项目进度，合理安排时间，确保按时完成各个阶段的任务，并及时向教师汇报进展情况，寻求指导和帮助。

一、学习问题导入

（1）假设你是一个短视频制作团队的一员，你的团队正在为猕猴桃制作推广视频。描述你将如何与团队成员合作，通过市场调研确定目标受众的偏好，并据此决定视频的主题和风格。

（2）设想你的团队被委托制作一个旅游宣传短视频，展示一个未被广泛知晓的景点。说明你将如何选择合适的视频技术（例如剪辑、特效、音乐等）来提升视频的吸引力，并展现该景点的独特魅力。

二、学习任务讲解

（一）产品短视频后期制作

1. 剪辑技巧

通过剪辑节奏和转场来增强叙事效果，确保视频内容连贯。例如可以通过快速剪辑展示猕猴桃的生长过程，通过慢镜头展示丰收的场景，让观众感受到时间的流逝和产品的珍贵。

使用剪辑来调整故事流程，强化故事的戏剧性。例如可以在冲突阶段使用紧张的音乐和快速剪辑，营造紧张的氛围；在高潮阶段使用舒缓的音乐和慢动作，营造感人的氛围。

剪辑设备如图 3-5 所示。

图 3-5 剪辑设备

2. 特效应用

使用动画特效来强调猕猴桃的新鲜度和多汁的特点，增加视觉吸引力。例如可以在展示猕猴桃的特写镜头中加入动画效果，让果实看起来更加诱人。

色彩校正使视频更加生动，提高视觉效果。例如可以通过色彩校正让猕猴桃的颜色更加鲜艳，让种植基地的景色更加美丽，让整个视频更加吸引人。

特效应用效果如图 3-6 所示。

3. 声音设计

背景音乐应与视频主题和氛围相匹配，增强情感共鸣。例如可以在展示猕猴桃的生长过程时使用轻快的音乐，在展示丰收场景时使用欢快的音乐，在展示消费者品尝猕猴桃时使用温馨的音乐。

音效的使用要恰到好处，增强观看体验。例如可以在消费者品尝猕猴桃的镜头中加入切割声效，让观众感受到果实的新鲜和多汁。配音要专业，能够准确传达信息，增加信息的权威性。例如可以在介绍猕猴桃的营养价值时使用专业的配音，让观众更加信服。

（二）产品短视频的检查、修改和确认

完成视频初版后，提交给教师或项目组长进行审核，根据反馈进行必要的调整和改进，确保视频内容准确

图 3-6 使用特效后的猕猴桃图片

反映产品优势和特色,同时符合市场推广的需求。产品短视频的制作流程中,检查、修改和确认是确保最终视频质量符合预期的关键步骤。以下是详细的检查、修改和确认流程。

(1)脚本和故事板审核:确保脚本内容准确无误,故事板与脚本内容一致。

(2)粗剪审核:初步剪辑后,检查视频内容是否符合脚本和创意方向。

(3)画面质量检查:检查画面清晰度、色彩平衡、曝光等是否达到标准。

(4)音频质量检查:确保所有音频(对话、旁白、音乐、音效)清晰且与画面同步。

(5)剪辑技巧审核:检查转场、特效、字幕等是否自然流畅,能否增强视觉体验。

(6)信息准确性确认:确保视频中展示的产品信息、数据、品牌信息等准确无误。

(7)法律合规性检查:确保视频内容不侵犯版权、商标权,符合广告法等法律法规。

(8)文化和品牌形象审核:确保视频内容符合目标市场的文化习惯,不违背品牌形象。

(9)反馈征集:向团队成员、潜在客户或测试观众征集反馈意见。

(10)修改意见整合:收集所有反馈和修改意见,进行分类和优先级排序。

(11)修改实施:根据反馈进行必要的修改,可能涉及重新剪辑、补拍等。

(12)修改后审核:修改完成后,再次进行审核,确保问题得到解决。

(13)最终确认:所有团队成员和利益相关者对视频的最终版本进行确认。

(14)备份和版本控制:确保所有修改版本的视频都有备份,避免数据丢失。

(15)发布准备:准备视频发布的相关素材,如缩略图、描述文本等。

(16)发布审核:在视频发布前进行最后的审核,确保一切就绪。

(17)发布后的监控:发布后监控视频的表现,收集观众反馈,为未来的视频制作提供参考。

这一流程可以确保产品短视频在发布前经过严格的质量控制,满足预期的创意和品质要求。

(三)产品短视频的交付和验收

按照短视频发布平台的技术要求,输出最终版本的视频文件,格式为 MP4,分辨率为 720x1280,宽高比为 9∶16,确保视频在各种设备上均可完美展示。将完成的短视频交付给教师或项目组长,并协助其在新媒体平台发布。

1. 交付步骤

（1）准备交付材料：确保所有拍摄的视频素材、剪辑完成的视频、音频文件、字幕文件等都已经整理好，并按照项目要求进行命名和分类。同时，准备好相关的项目报告、制作花絮、幕后花絮等附加材料。

（2）确认交付方式：与客户沟通确认交付方式，如在线上传、邮件发送、网盘分享或现场拷贝等。确保所选方式安全可靠，并能满足客户的接收需求。

（3）提供访问链接或下载方式：如果选择在线上传或网盘分享，需要向客户提供相应的访问链接或下载方式，确保链接有效且下载顺畅。同时，告知客户如何访问和下载文件，以及可能需要的登录信息或密码。

（4）现场演示：如果条件允许，可以安排一次现场演示，向客户展示最终的视频效果。这有助于客户更直观地了解视频的质量和效果，并提供即时反馈。

（5）收集反馈意见：在交付过程中，积极收集客户的反馈意见。询问客户对视频的整体满意度，以及对内容、画面、音效等方面的具体评价。这将有助于后续改进工作质量。

（6）确认接收情况：及时与客户确认接收情况，确保客户已经成功接收所有文件，并且没有遗漏或错误。

（7）提供技术支持：在交付过程中，为客户提供必要的技术支持。解答客户关于视频播放、格式转换、字幕添加等方面的问题，确保客户能够顺利使用视频。

（8）保留备份：在交付完成后，保留一份完整的视频备份，以备不时之需，如客户需要额外的副本或用于未来的修订工作。

2. 验收注意事项

（1）明确验收标准：在项目开始前，与客户明确视频的验收标准，包括视频的清晰度、色彩还原度、剪辑流畅性、音效质量等方面的具体要求，确保双方对验收标准有相同的理解。

（2）检查视频质量：在验收时，仔细检查视频的质量，包括画面是否清晰、色彩是否准确、剪辑是否流畅、音效是否清晰无杂音等，确保视频达到预期的效果。

（3）核对视频内容：检查视频中的内容是否与脚本或策划方案一致，包括文字描述、画面展示、音效配合等方面的准确性，确保视频内容准确无误地传达了策划意图。

（4）关注细节处理：注意视频中的细节处理，如字幕的准确性和可读性、音效的同步性、画面的稳定性等。这些细节的处理往往能体现出制作的专业水平。

（5）考虑用户体验：从用户的角度出发，考虑视频的观看体验，包括视频的时长控制、节奏把握、情感表达等方面是否合适，确保视频能够吸引观众的注意力并传达出有效的信息。

（6）收集客户反馈：在验收过程中，积极收集客户的反馈意见。询问客户对视频的整体满意度以及具体的改进建议。这将有助于团队了解客户的需求和期望，为未来的项目提供参考。

（7）及时修改完善：根据客户的反馈意见，及时对视频进行修改和完善。确保最终交付的视频符合客户的要求和期望。

（8）保留修改记录：在修改过程中，保留好每一次的修改记录，以便于追溯和查找问题所在，也方便与客户进行沟通和解释。

（9）确认最终版本：在完成所有修改后，与客户确认最终版本的视频，确保双方都对最终的视频效果满意并认可。

（10）签署验收报告：在客户确认最终版本后，签署验收报告。报告中应明确列出视频的各项指标和验收结果，以及双方的责任和义务。这有助于保障双方的权益并避免后续纠纷的发生。

（四）新媒体平台发布

新媒体平台发布是一个涉及内容策划、制作、优化、发布及后续数据分析的复杂流程。以下是一些关键步骤和技巧。

（1）内容规划与调整：了解不同平台的特性，根据平台用户群体和内容偏好调整视频内容，保持内容主题统一且有针对性。

（2）视频制作与优化：确保视频画质清晰，选择合适的视频格式如 MP4。根据不同平台要求调整视频时长，并运用剪辑技巧提高视频吸引力。

（3）发布策略与技巧：选择最佳发布时间以提高视频曝光率。利用平台标签提高搜索排名，并积极与观众互动以提高视频热度。

（4）团队协作与分工：建立短视频团队，明确分工，定期沟通，互相学习，提高短视频整体制作和运营水平。

（5）跨平台发布：使用多平台发布工具，如短视频一键发布多平台的技巧，提高工作效率。

（6）数据分析与反馈：关注视频数据，如播放量、点赞量、评论量等，了解视频表现，优化后续内容。

（7）维护多平台账户：保持账号活跃度，定期发布内容，与粉丝互动，持续增长粉丝基数。

（8）评论管理：制定评论管理规则，建立评论团队，引导优质评论，利用标签分类，制定回复模板，提高管理效率。

（9）短视频营销策略：制作精彩的故事情节，突出产品特点，引起情感共鸣，增强互动体验。

（10）内容发布流程优化：明确内容定位，精准把握热点，提升内容质量，优化发布流程，加强互动与传播。

通过上述步骤和技巧，可以有效地在新媒体平台发布短视频，提高内容的传播效果和用户参与度。

（五）分析反馈持续优化

短视频发布后的分析反馈是衡量视频表现和优化未来内容的关键步骤。以下是一些重要的分析反馈方法。

（1）播放量分析：监控视频的累计播放量以及分日和分小时的播放量变化，评估视频的传播效果和用户观看趋势。

（2）播放完成性：关注视频的播完量、播完率和平均播放进度，这些指标可以反映观众是否完整观看视频以及可能的跳出点。

（3）互动数据分析：分析评论、转发、收藏等互动数据，了解观众的参与度和对视频内容的反馈情况。

（4）关联指标分析：评估播荐率、评论率、点赞率、转发率、收藏率和加粉率等，这些指标可以反映视频的吸引力和传播力。

（5）用户行为分析：研究用户在视频中的停留时间、互动行为和转化率，以优化视频内容和提高用户黏性。

（6）内容优化：根据用户反馈和数据分析结果，调整视频内容、形式和发布策略，提升视频质量和用户满意度。

（7）效果评估：建立短视频营销效果评估体系，使用有效观看率、互动率、进店率和账号关注率等核心指标来衡量视频的营销价值。

（8）全网分发平台分析：利用短视频全网分发平台的数据，分析不同平台的播放量和用户反馈，优化跨平台的内容策略。

（9）数据驱动运营：使用数据分析工具来指导内容创作和发布，找到最佳发布时段以提高曝光量和播放量。

通过这些分析和反馈，可以更好地理解观众的需求和偏好，从而制定更有效的内容策略和优化方案。

后台管理数据如图 3-7 和图 3-8 所示。

图 3-7 后台管理数据 1

图 3-8 后台管理数据 2

三、学习任务小结

在本次学习任务中，全面学习了产品短视频后期制作的全过程，从剪辑技巧、特效应用到声音设计，再到视频的检查、修改与确认，直至最终的交付、验收与新媒体平台发布。通过实践操作，学生不仅掌握了视频后期制作的专业技能，还学会了如何根据用户反馈进行持续优化，提升视频质量与吸引力。同时，学生在团队合作、创新思维与项目管理等方面也得到了锻炼，为未来从事视频制作行业奠定了坚实的基础。

四、课后作业

（1）在平台中选择一个短视频，制作一份简短的观众调查问卷。

（2）在班级或小组中分享你的视频脚本，并收集同学们的反馈。

（3）根据收集到的反馈修改你的脚本草案，并准备一个简短的口头陈述，解释你如何根据反馈进行修改。

项目四
人像短视频创意与制作

学习任务一 项目要求分析与剧本创意制作

学习任务二 分镜头（故事板）制作与拍摄前期准备

学习任务三 完成拍摄制作与作品交付验收

一、项目任务情境描述

从教师或项目组长处接受一项短视频拍摄制作的任务,现需要在 3 个工作日内完成 1 个人像短视频的拍摄与制作,用于某防晒霜的形象打造和产品促销,并协助客户在新媒体平台发布。在接到任务后,着手调研和进行产品分析,设计出短视频脚本,使用摄像器材(包括摄影摄像设备、录音和灯光设备等)按照脚本进行分镜头及产品素材的拍摄,运用剪映专业版或 Premiere 等软件进行美化、剪辑、音效处理等视频后期处理;根据新媒体平台用户浏览特点,制作吸引用户的优质视频封面,并最终达到引导下单的目标。制作完成的短视频文件按照短视频社区平台的指定格式和存档方式交付给教师或项目组长。

接到工作任务后,领取所需的工具和设备,包括摄影机、智能手机、摄影补光灯、防抖稳定器、三脚架、收音麦克风、监听耳机,并获取防晒霜的产品信息,明确工作时间节点和交付要求。解读企业背景及行业细分,明确产品特点和卖点,确定短视频拍摄与制作的流程,合理制订工作计划。进行短视频脚本的编写,并交教师或项目组长审定和调整。按短视频脚本内容进行资源准备、场景布置、分镜头拍摄、制作。使用剪映专业版或 Premiere 等软件中的分割、智能抠图、音频分离、转场、滤镜等工具进行美化、剪辑和后期效果处理,完成优质视频封面的制作。完成短视频初次版本后交教师或项目组长审核,根据意见进行修改,直至确定最终效果。按照现有短视频平台的要求和标准规范完成源文件,最终输出 1 份 MP4 格式、宽高比 9:16(竖屏视频)、分辨率 720x1280 的短视频,交付给教师或项目组长。

工作过程中,遵守企业质量体系管理制度、6S 管理制度等企业管理规定,遵守《中华人民共和国著作权法》《网络短视频内容审核标准细则》《网络直播营销管理办法(试行)》,并注意版权及授权范围,不侵犯他人肖像权,保证短视频内容符合国家法律规定。工作完成后,对文件进行归档整理。

二、项目任务实施分析

1. 人像短视频任务的获取与明确

摄影师(教师)与拍摄助理一同前往防晒霜生产厂家,与厂家负责人进行深入沟通,收集防晒霜产品特性、市场定位等关键信息,并进行现场拍摄。同时,了解并记录视频宣传内容和推广平台的具体要求,确保对项目有全面的了解。

【工作成果】:短视频推广分析表。

【学习成果】:客户调查。

2. 人像短视频拍摄计划的制订

拍摄助理在前期准备阶段进行市场调研和产品分析,深入研究防晒霜的市场潜力和目标受众。同时,分析新媒体平台的用户行为和偏好,以及竞争对手的短视频内容策略,构思创意脚本,并准备相应的设备和技术,制订拍摄计划。此外,还需要考虑平台流量以及视频的个性化拍摄方式,以确保视频内容的吸引力和传播效果。

【工作成果】:短视频拍摄工作计划。

【学习成果】:防晒霜产品市场分析报告。

3. 人像短视频脚本的编写和确定

(1)与厂家负责人进行深入沟通,了解防晒霜的产品特点以及市场定位,同时拍摄现场照片和视频素材,为脚本创作提供直观素材。

(2)根据收集到的信息,结合防晒霜产品的市场卖点,编写短视频脚本。脚本需突出防晒霜的产品特性、防晒效果。脚本完成后,提交给教师审阅,并根据反馈进行调整优化。

（3）利用软件和拍摄到的现场素材，制作出防晒霜的虚拟展示图，以及产品展示的分镜头草图，为视频拍摄提供详细的视觉参考。

（4）参考手绘原始结构图制作短视频分镜头脚本，完成后交给教师或项目组长做短视频内容审核。

【工作成果】：防晒霜产品虚拟展示图、产品展示分镜头草图。

【学习成果】：短视频脚本。

4. 根据脚本完成短视频拍摄

（1）根据调研资料和编写的短视频脚本，明确展示的重点。

（2）使用摄影机、智能手机等设备收集高质量的视频素材，同时注意录音质量，确保所有视听素材均符合制作标准。

（3）根据脚本内容进行场景布置和分镜头拍摄，拍摄过程中注意素材的质量和多样性，确保后期剪辑有足够的素材选择。

【工作成果】：防晒霜生产厂家视频素材、相关产品视频素材。

【学习成果】：短视频拍摄。

5. 人像短视频后期剪辑效果处理

使用剪映专业版或 Premiere 等软件进行视频的后期处理，包括剪辑、美化、添加音效和特效等。同时，制作符合新媒体平台用户浏览习惯的视频封面，以提高视频的吸引力和引导用户下单。

【工作成果】：完成的短视频文件、优质视频封面。

【学习成果】：后期剪辑处理方案。

6. 人像短视频的检查、修改和确认

（1）完成短视频初版后，提交给教师或项目组长进行审核，根据反馈进行必要的调整和改进。

（2）确保短视频内容准确反映防晒霜的优势和产品特色，同时符合市场推广的需求。

【工作成果】：最终版本的短视频文件。

【学习成果】：视频内容审核反馈。

7. 人像短视频的交付和验收

（1）按照短视频发布平台的技术要求，输出最终版本的视频文件，格式为 MP4，分辨率为 720×1280，宽高比为 9∶16，确保视频在各种设备上均可完美展示。

（2）将完成的短视频交付给教师或项目组长，并协助其在新媒体平台发布。

【工作成果】：经验收的短视频文件。

【学习成果】：短视频发布。

三、项目任务学习总目标

学习完本项目后，能完成各种类型的人像短视频拍摄与制作，并熟练掌握剪映专业版和 Premiere 软件的使用方法。培养交往与合作、创新思维、解决问题、现场调度等通用职业能力；养成高效务实、细致严谨、成本意识、效率意识、审美素养、规范意识、法律意识等职业素养；培养坚定理想信念、社会主义核心价值观、劳模精神、文化自信的思政素养。具体包括以下方面。

（1）能针对接受的任务，与教师或项目组长有效沟通，采用信息记录及提取的方法获取企业名称、产品

属性及特点等信息；根据企业宣传需要和针对的目标受众群体，明确任务要求、交付时间、拍摄的整体风格和要求，具备良好的交往与合作能力。

（2）能根据任务要求，采用资料查询法和信息检索法分析并深入了解产品特征，收集品牌和产品相关信息，明确产品的卖点，突出产品与人物、场景等的关系。依据分析结果和短视频制作流程制订工作计划，具备观察分析能力，以及高效务实、细致严谨的工作态度。

（3）能根据工作计划，做好拍摄的前期准备，运用短视频脚本编写的情境法和产品代入法，增加产品的体验感并突出其特点和卖点，编写出具有情节性的短视频拍摄脚本，并按照脚本需要准备拍摄相关的设备和道具，做好空间场景的布置，确定演员、台词、妆容、服装等，具备现场调度能力、问题解决能力、良好的空间感和情节叙述能力。

（4）能按照编写好的短视频脚本调试设备、布景，合理运用光线，有效调动演员及现场气氛，应用镜头景别、拍摄角度和光线，控制好拍摄的时长，具备成本意识和效率意识；能根据脚本拍摄出相应的分镜头，具备摄影摄像的专业能力，以及坚定理想信念、社会主义核心价值观、文化自信。

（5）能根据新媒体平台视频发布的要求、用户浏览特点，运用叙述性蒙太奇等手法进行视频剪辑。使用剪映专业版和 Premiere 等软件进行合成和美化，添加音效、相应的视频转场和特殊效果，掌握视频剪辑和特效制作技术。能对短视频的整体风格进行把握，具备审美素养、创新思维以及高效务实、细致严谨的工作态度。

（6）能根据脚本和短视频平台的发布要求，对短视频的图像质量、宽高比、分辨率、时长进行核对检查，保证作品完整、符合输出标准，具备认真负责的态度和劳模精神。

（7）能根据工作时间和任务交付要求，按时交付短视频终稿，满足清晰度高、流畅性好、整洁度高、色彩曝光效果好等标准，具备时间意识、效率意识和责任意识；能严格执行合同规定以及企业的管理标准、保密制度，遵守《中华人民共和国著作权法》《网络短视频内容审核标准细则》《网络直播营销管理办法（试行）》，并注意版权及授权范围，不侵犯他人肖像权，具备规范意识、法律意识。

项目要求分析与剧本创意制作

教学目标

（1）专业能力：具备使用各种工具和方法进行市场调研的能力，通过定位分析了解市场趋势和消费者行为。能够准确识别产品的核心特点和卖点，并据此制定有效的传播策略。能够对目标受众进行细分，并了解不同受众群体的需求和偏好，为产品定位提供依据。具备分析竞争对手产品特性及市场表现的能力，从而为自家产品的市场定位提供参考。

（2）社会能力：展现出优秀的沟通技巧，以便在团队内部与外部有效交流产品信息。能在团队中扮演积极角色，与其他成员协同工作，共同完成产品分析和定位任务。需学会接受来自不同利益相关者的反馈，并根据这些反馈进行合理的调整和优化。

（3）方法能力：掌握高效检索和记录市场信息的方法，确保获取的数据准确。具备对收集到的数据和信息进行分析和评估的能力，以形成有根据的产品定位策略。能适应不断变化的市场环境，持续学习和更新相关知识，以保持产品定位的时效性和准确性。

学习目标

（1）知识目标：理解市场调研的基本原理和方法，包括数据收集、处理和分析的流程。需要掌握消费者行为的基本理论，了解消费者做决策的过程和影响因素。学习如何根据产品特点和市场需求制定有效的营销传播策略。了解如何进行竞争对手分析，包括评估竞品的市场表现和战略定位。

（2）技能目标：具备使用各种工具和方法进行数据分析的能力，能从数据中提取有价值的市场信息。具备优秀的沟通和协作能力，能在团队内部和外部有效交流信息。学会如何接受和处理来自不同利益相关者的反馈，能根据反馈进行合理的调整和优化。

（3）素质目标：具备适应不断变化的市场环境的能力，能持续更新相关知识以确保产品定位的准确性。培养创新思维，能在市场调研和产品定位过程中提出新颖的想法和策略。培养良好的职业素养，包括高效务实、细致严谨的工作态度和法律意识。

教学建议

1. 教师活动

（1）市场调研讲解：教师详细介绍市场调研的基本理论和方法，包括数据收集、处理和分析的流程。

（2）案例分析：教师可以选择几个典型的市场案例，引导学生分析这些案例中的市场调研和产品定位策略。

（3）工具培训：教师教授学生如何使用各种市场调研工具，例如问卷调查软件和数据分析程序。

2. 学生活动

（1）实践操作：参与实际的市场调研项目，运用所掌握的工具和方法进行数据采集和分析。

（2）团队协作：在小组内分工合作，共同完成一个市场调研报告或产品定位方案。

（3）反馈交流：积极参与同伴评价，提供建设性的反馈，并根据反馈进行工作优化。

教学材料准备

1. 理论知识材料

《摄影与摄像技术》《影视剧本写作基础》《广告创意与策划》等参考书籍以及品牌营销案例、优秀广告视频、时尚杂志、防晒霜产品说明书等参考资料。

2. 工具材料

（1）剧本写作模板。

（2）拍摄计划表。

（3）分镜头脚本表格。

（4）摄影设备。

（5）剪辑软件。

3. 案例分析材料

（1）失败广告案例。

（2）创意头脑风暴工具。

4. 评估材料

（1）评估标准表格。

（2）反馈问卷。

一、学习问题导入

假设你们现在要为某品牌防晒霜制作一部宣传视频,需要包含人物场景。首先,需要考虑的是产品定位问题,比如这款防晒霜的核心功能是什么?它是主打高倍数防晒、防水防汗,还是兼具护肤功效?它的目标市场是高端、中端还是低端?它的主要竞争优势在哪里,是独特的配方、舒适的使用感,还是强大的品牌口碑?接下来,需要深入分析目标受众,识别他们的年龄、性别、职业和收入水平,了解他们的兴趣和消费习惯。比如目标受众是年轻的上班族女性,她们可能更注重防晒霜的轻薄度和不影响妆容;或者是户外运动爱好者,他们更看重防晒霜的高倍数和持久度。此外,必须进行竞品分析,明确市场上的类似产品,以及这款防晒霜与竞品的差异。在视频内容创作方面,要决定如何传递关键信息,选择适合目标受众的语言风格和视觉元素,并构思故事情节。可以通过展示真实的使用场景,如海边度假、户外运动等,来突出防晒霜的功效。发布策略也是必须考虑的,包括选择合适的传播渠道以到达目标受众,可以利用和美妆博主合作等方式进行推广。最后,需要设定成效评估标准,根据反馈优化视频内容。请大家思考这些问题,并为这款防晒霜的短视频拍摄项目做好准备。

防晒霜广告设想如图4-1和图4-2所示。

图4-1 防晒霜广告设想1

图4-2 防晒霜广告设想2

二、学习任务讲解

(一)产品定位与项目要求

防晒霜产品定位是一个综合性的过程,旨在确定该品牌防晒霜在消费者心目中的形象和地位。这个过程涉及多个方面,以确保产品能够满足目标市场的需求并获得竞争优势。

目标市场定位是产品定位的基础,该品牌防晒霜的目标市场定位应充分考虑多方面因素。通过科技创新、品质提升、品牌建设和精准营销,将该品牌防晒霜打造成为国内外知名的优质防晒产品,从而满足消费者需求,为消费者提供更好的防晒选择。同时,企业需要根据市场细分和消费者需求,确定产品所针对的具体消费人群和市场需求。了解消费者的需求、偏好、购买能力等信息,从而确定产品的价格、规格、功效等方面的特征。防晒霜定位如图4-3所示。

图4-3 防晒霜定位

根据以下几点确定项目方向。

（1）优越的防护性能：该品牌防晒霜采用先进的防晒技术，能有效抵御紫外线 UVA 和 UVB 的伤害，为肌肤提供全方位的防护，能满足不同场景下的防晒需求。

（2）科技创新的支持：品牌不断投入研发，致力于提升防晒霜的品质和效果。产品采用独特的配方，质地轻薄，不油腻，不会给肌肤造成负担，同时具有良好的防水防汗性能，可持久保持防晒效果。

（3）市场规模迅速扩展：随着人们防晒意识的提高，防晒霜市场需求不断增长。该品牌防晒霜凭借优异的品质和良好的口碑，在市场上迅速占据一席之地，成为消费者信赖的防晒产品。

（4）产品多样化：该品牌防晒霜推出了多种不同的规格和款式，满足不同肤质和使用场景的需求。有适合干性肌肤的滋润型、适合油性肌肤的清爽型，还有专门为敏感肌肤设计的温和型等。

（5）品牌化推广：通过广告宣传、明星代言、社交媒体等多种渠道进行品牌推广，提高品牌知名度和美誉度。让消费者在众多防晒产品中能够快速识别并选择该品牌防晒霜。

（6）营销渠道多元化：该品牌防晒霜不仅在传统的线下渠道销售，生产厂家还积极拓展线上平台，利用网络平台的广泛覆盖和便捷性，有效拓宽了销售渠道，让消费者能够更加方便地购买到产品。

（7）出口潜力巨大：随着国际市场对防晒产品的需求增加，该品牌防晒霜销售市场有望拓展到更多国家和地区。通过提升产品的国际标准符合度，加强国际合作，提高品牌在国际市场上的竞争力。

（8）国际品牌影响力提升：加大研发投入，不断创新，提高产品的品质和性能，使该品牌防晒霜能够在国际市场上占据一席之地。树立良好的品牌形象，提升品牌的国际影响力。

（9）科技与创新驱动：持续引进和研发新的防晒技术，加强科研力量的投入，利用现代科技提高防晒霜的防护效果和使用体验。

（10）完善服务体系：从售前咨询、售中服务到售后保障，完善整个服务链条，提升整体运营效率和消费者满意度。

（11）强化品牌建设与营销：继续加强该品牌防晒霜的品牌推广，利用各种媒体平台提高品牌知名度。同时，针对目标市场制定精准的营销策略，扩大市场份额。

（二）剧本创意制作

1. 明确产品定位

分析品牌防晒霜的目标市场时，应考虑消费者的年龄、性别、职业、收入水平等因素，确定主要的消费人群。例如，年轻的上班族可能更注重日常通勤的防晒需求，而户外运动爱好者则对防晒霜的防水防汗性能有更高要求。应研究市场趋势和消费者需求变化，了解人们防晒意识的提高对市场规模的影响，以及不同肤质消费者对产品规格的不同需求。

2. 确定产品的独特卖点

强调该品牌防晒霜的优越防护性能：有效抵御 UVA 和 UVB 伤害，满足不同场景下的防晒需求；采用独特配方、质地轻薄不油腻，具有良好的防水防汗性能和持久防晒效果。展示产品的多样化规格，包括适合不同肤质的滋润型、清爽型和温和型等。

3. 构思故事情节

1）设定广告场景

可以选择日常生活中的场景，如上班路上、户外旅游等，展示产品在不同场景下的使用效果；或者创造一个具有戏剧性的场景，如在烈日下进行极限运动，突出产品的强大防晒性能。

2）设计人物角色

根据目标市场定位，选择具有代表性的人物角色，例如年轻时尚的白领、热爱运动的年轻人等，如图4-4所示。人物角色的行为和语言要能够自然地凸显产品的特点和优势。

图4-4 设计人物角色

3）构建故事情节

以人物角色的需求和问题为出发点，引入防晒霜产品。例如人物在户外活动中担心被晒伤，此时使用该品牌防晒霜解决了问题。情节发展要具有逻辑性和吸引力，通过人物的体验和感受，展示产品的功效和优势。

（三）选择视觉元素和语言风格

1. 视觉元素

确定广告的画面风格，如清新自然、时尚动感等。选择合适的拍摄地点和场景，突出产品的使用环境和效果。运用特效和动画等手段，增强广告的视觉冲击力。

2. 语言风格

根据目标市场定位和品牌形象，选择合适的语言风格。例如年轻时尚的品牌可以采用轻松幽默的语言，而高端品牌则可以使用优雅大气的语言。广告文案要简洁明了，突出产品的核心卖点，同时具有感染力和说服力。

（四）制定发布策略

1. 选择传播渠道

考虑目标受众的媒体使用习惯，选择合适的传播渠道。例如，年轻人可能更倾向于社交媒体和视频平台，而中老年人则可能更关注电视广告。结合品牌的营销渠道多元化策略，将广告发布在传统线下渠道和线上电商平台，提高广告的曝光率。

2. 确定发布时间

根据产品的销售季节和市场需求，选择合适的发布时间。例如，在夏季来临之前发布防晒霜广告，可以提前预热市场。考虑节假日和特殊事件等因素，制订相应的发布计划，提高广告的关注度。

（五）设定成效评估标准

1. 确定评估指标

可以选择广告的曝光量、点击率、转化率等指标来评估广告的传播效果。关注品牌知名度和美誉度的提升，以及产品的销售量和市场份额的变化。

2. 收集反馈信息

通过问卷调查等方式，收集消费者对广告的反馈意见。分析消费者的评价和建议，及时优化广告内容和发布策略。

通过以上步骤，可以创作出一个具有创意和吸引力的广告剧本，有效地推广该品牌防晒霜，提升品牌形象和市场竞争力。

（六）脚本编写

以下是关于该品牌防晒霜的广告脚本参考内容。

1. 故事结构

起始阶段：以一位年轻时尚的女孩在美丽的海滩上漫步开场，阳光洒在她的身上，海风吹拂着她的发丝。镜头逐渐拉近，聚焦在她的脸上，她的肌肤在阳光下显得光滑细腻。

冲突阶段：女孩开始担心强烈的阳光会伤害她的肌肤，她回忆起过去被晒伤的经历，脸上露出担忧的神情。同时，画面切换到城市中忙碌的人们在烈日下奔波，汗水和紫外线对肌肤造成了威胁。

高潮阶段：女孩拿出了该品牌防晒霜，自信地涂抹在脸上和身上。随后，她继续享受海滩的美景，尽情玩耍。画面中还可以展示其他使用该防晒霜的人们在户外开心活动的场景，他们的肌肤都得到了有效的保护。

解决方案阶段：通过旁白和字幕，介绍该品牌防晒霜的独特优势，如先进的防晒技术、轻薄的质地、防水防汗等。同时，展示产品的研发团队和生产过程，让观众了解到产品的高品质和安全性。

2. 叙事风格

线性叙事：按照时间顺序，从女孩准备去海滩开始，到她在海滩上使用防晒霜，最后展示她在阳光下自由快乐的样子。让观众直观地了解到该防晒霜的使用效果。

非线性叙事：通过女孩的回忆和幻想，展示她对美丽肌肤的渴望和对晒伤的恐惧。然后，画面突然切换到她在海滩上使用防晒霜的场景，给观众带来惊喜和期待。

第一人称视角：女孩亲自讲述自己的故事，她可以对着镜头说："我一直很喜欢户外活动，但又担心阳光会伤害我的肌肤。直到我发现了这个品牌的防晒霜，它让我可以毫无顾虑地享受阳光。"

3. 角色开发

创造一个热爱生活、追求美丽的年轻女孩角色。她可以是一个经常旅行和参加户外活动的人，对肌肤的保养非常重视。她在尝试了各种防晒霜后，终于找到了最适合自己的品牌。通过她的行动和选择来驱动故事的发展，展示她如何在享受生活的同时，保护自己的肌肤。

4. 对白撰写

对白应简洁有力，能够体现防晒霜的特点。例如，女孩可以说"每一次涂抹，都是对肌肤的呵护"，或者"这款防晒霜，让我在阳光下绽放自信"。对白要符合角色性格，女孩的表达可以更加个性化。例如，她可以说"有了它，阳光再强也不怕"，或者"我的美丽秘诀，就是这个小瓶子里的魔法"。

（七）脚本格式和范本

1. 标准格式

在编写脚本时，应正确使用场景描述、角色名、对白和镜头指示，确保脚本的一致性和专业性；同时注重格式的规范性，以便团队成员易于理解和执行。例如，场景描述应简洁明了，角色名应统一，对白应符合角色性格，镜头指示应具体明确。

2. 范本分析

下面提供一则优秀的短视频脚本范本，请大家分析其结构和内容，看看它是如何展示产品的吸引力和强调产品的独特卖点的。

案例：《（品牌名）防晒霜广告剧本》，30 s。

（1）角色：年轻时尚的女孩。

（2）镜头1：阳光之美。

时长：0:00—0:05。

景别：全景。

画面：女孩在海边，阳光洒在身上，海风吹动发丝，她微笑着面对大海。

台词（旁白）："阳光，是大自然的礼物。"

音乐/音效：海浪声和轻柔的风声。

拍摄地点：海边。

（3）镜头2：担忧出现。

时长：0:05—0:12。

景别：中景。

画面：女孩抬手遮挡阳光，露出担忧的表情。

台词（女孩）："可阳光也会带来伤害。"

音乐/音效：紧张的音乐渐强。

拍摄地点：海边。

（4）镜头3：神奇发现。

时长：0:12—0:20。

景别：特写。

画面：女孩拿出（品牌名）防晒霜，脸上露出惊喜。

台词（旁白）："（品牌名）防晒霜，守护你的美。"

音乐/音效：轻快的音效。

拍摄地点：海边。

（5）镜头4：自信享受。

时长：0:20—0:25。

景别：全景。

画面：女孩涂抹防晒霜后，在海边尽情玩耍，笑容灿烂。

台词（女孩）："有了它，无忧享受阳光。"

音乐/音效：欢快的海浪声。

拍摄地点：海边。

（6）镜头5：品牌展示。

时长：0:25—0:30。

景别：特写。

画面：防晒霜瓶身和品牌标志。

台词（旁白）："（品牌名）防晒霜，你的阳光伙伴。"

音乐/音效：轻松的音乐渐弱。

拍摄地点：海边。

三、学习任务小结

通过本次课的学习，我们深入探讨了在产品短视频拍摄过程中，产品定位与目标受众分析的重要性。产品定位应当明确产品的核心价值、特征以及优势，制定合理的定价策略，凸显产品的独特卖点，明确市场定位。在目标受众分析方面，需要对受众群体进行细致的划分，深入了解各群体的需求和偏好。通过深入研究受众的特征，可以定制精准的短视频内容，以吸引观众的注意力。同时，也应关注消费者在观看短视频时的具体需求与期望，例如产品展示的清晰度、真实使用场景的呈现、详尽的信息提供、互动性、创意以及趣味性等。

四、课后作业

（1）根据所选的品牌进行产品定位分析。

（2）撰写所选产品的定位与目标受众分析报告，并初步构思短视频拍摄内容。

分镜头（故事板）制作与拍摄前期准备

教学目标

（1）专业能力：能产生与产品特性和目标市场紧密相连的创意点。能将剧本创意转化为有吸引力的分镜头故事线，确保故事情节与产品特点自然融合。理解并应用视觉元素（如构图、色彩、光影和运动等）来增强故事表达。能编写出符合视频叙事需求的脚本。能将脚本内容转化为视觉化的故事板，包括关键镜头的设计和时间线安排。掌握拍摄前期准备工作要素，能使用拍摄设备和编辑软件，如国产软件剪映专业版等，进行高质量的视频制作。

（2）社会能力：在与团队成员、客户或其他利益相关者交流时，能清晰准确地传达想法。能在团队环境中协作，尊重不同角色的意见和工作，共同完成项目。在需要时能带领团队向目标前进，展现出组织和协调能力。对团队和个人的想法进行批判性分析，确保创意方案和执行计划的质量和效果。能灵活应对变化，包括项目需求的变动、时间限制或资源限制。

（3）方法能力：具备市场研究和分析的能力，了解并分析目标受众的偏好，确保创意内容符合其期望和兴趣。展现出优秀的项目管理能力，能合理安排时间和资源，确保创意构思和故事板制作流程高效有序。采用迭代的方法不断优化创意构思和故事板设计，通过反复的讨论和修改，不断提升工作质量。对拍摄的视频内容进行评估，确保拍摄前期准备工作符合既定目标和标准。

学习目标

（1）知识目标：理解产品特性与目标市场，能根据这些信息产生创意点。掌握故事线的构建方法，确保故事情节与产品特点的自然融合。学习视觉元素的应用，包括构图、色彩、光影和运动等，以增强故事表达。熟悉拍摄设备和编辑软件，如国产软件剪映专业版等，了解其功能和操作方法。掌握视频叙事脚本编写技巧，包括如何符合视频叙事需求和节奏掌控。学习如何将脚本内容转化为视觉化的故事板，包括关键镜头设计和时间线安排。学习如何进行场地勘察与确定、人员安排、设备与道具准备、拍摄计划制订、沟通与协调。

（2）技能目标：能独立产生与产品和市场紧密相连的创意，并将其转化为有吸引力的故事线。应用视觉元素来提升故事的表达力，包括构图、色彩、光影和运动等。使用拍摄设备和编辑软件进行高质量视频制作。编写符合视频叙事需求的脚本。将脚本内容转化为视觉化的故事板，包括设计关键镜头和安排时间线。在团队中清晰准确地传达想法和反馈，协作完成项目。在需要时带领团队，展现出组织和协调能力。对团队和个人的想法进行批判性分析，确保创意方案和执行计划的质量和效果。灵活应对项目需求变动、时间限制或资源限制。

（3）素质目标：培养项目规划和管理能力，确保项目按时交付且满足质量要求。提高时间管理能力，有效处理多项任务，确保各环节按时完成。学习研究和利用最新技术、行业趋势和媒体资源，提升视频内容的吸引力。对拍摄的视频内容进行自我评估，确保其符合既定目标和标准。完成项目后进行反思和总结，持续改进未来工作。

教学建议

1. 教师活动

（1）理论讲解：介绍产品特性与目标市场的重要性，并解释如何根据这些信息产生创意点。教授故事线的构建方法，确保故事情节与产品特点自然融合。演示视觉元素的应用，包括构图、色彩、光影和运动等，以增强故事表达。

（2）软件操作指导：提供剪映专业版等软件的操作演示，详细解释其功能和操作方法。

（3）案例分析：展示成功的产品视频案例，分析其创意构思、故事叙述、视觉效果等。

（4）实践指导：指导学生使用拍摄设备和编辑软件进行视频制作，提供实时反馈和建议。指导学生将脚本内容转化为视觉化的故事板，包括设计关键镜头和安排时间线。

（5）项目拍摄前期规划与管理：教授项目规划和管理方法，确保学生按时交付项目且满足质量要求。

2. 学生活动

（1）创意构思：独立产生与产品和市场紧密相连的创意，并将其转化为有吸引力的故事线。应用视觉元素来提升故事的表达力，包括构图、色彩、光影和运动等。

（2）软件操作实践：使用拍摄设备和编辑软件进行高质量视频制作，熟练掌握剪映专业版的功能和操作方法。

（3）团队协作：在团队中清晰准确地传达想法，与他人协作完成项目。在需要时带领团队，展现出组织和协调能力，并对团队和个人的想法进行批判性分析。

（4）项目规划与执行：参与项目规划和管理，确保项目按时交付且满足质量要求。学习研究和利用最新技术、行业趋势和媒体资源，提升视频故事板内容的吸引力。对拍摄的视频内容进行自我评估，确保其符合既定目标和标准。

（5）反思与总结：完成项目后进行反思和总结，持续改进未来工作。

一、学习问题导入

假设你是一名短视频制作人员,一家知名美妆公司委托你制作一部推广他们新防晒霜的短视频。这款防晒霜的目标受众是户外活动爱好者,具备高倍数防护、轻薄质地和防水防汗等功能。客户期望视频能够突出产品的专业性和实用性,同时预算有限,要求你在控制成本的基础上最大化视觉冲击力。你的任务如下。

(1)进行市场研究,分析户外活动爱好者的偏好,确保创意内容符合目标受众的期望和兴趣。了解他们常参与的活动类型、对防晒的重视程度以及对防晒霜性能的具体需求,比如是否更注重持久度等。

(2)提出与产品特性和目标市场紧密相连的创意点,并构建一个有吸引力的故事线,确保故事情节与产品特点自然融合。可以设计一个热爱登山的人在面临烈日时,凭借这款防晒霜顺利完成登山之旅的故事,突出防晒霜在各种极端环境下的可靠防护。

(3)应用视觉元素如构图、色彩、光影和运动等,增强故事表达,并使用拍摄设备和编辑软件进行高质量的视频制作。在拍摄登山场景时,可以运用大广角构图展现壮丽的自然风光,色彩上突出阳光的明亮和防晒霜的清新包装,利用光影对比强调防晒的重要性。

(4)编写符合视频叙事需求的脚本,并将脚本内容转化为视觉化的故事板,包括关键镜头设计和时间线安排。例如,开场镜头是阳光洒在山峰上,时间为 0:00—0:05,景别为全景;接着是主人公准备登山装备,拿出防晒霜仔细涂抹,时间为 0:05—0:12,景别为中景等。

(5)在团队环境中协作,尊重不同角色的意见和工作,共同完成项目,并在需要时带领团队向目标前进。与摄影师、演员、剪辑师等密切合作,确保每个人都理解创意方向,共同为打造优质广告努力。

(6)对拍摄的视频内容进行自我评估,确保其符合既定目标和标准,并在项目完成后进行反思和总结,以便未来工作的持续改进。检查视频是否突出了防晒霜的关键特性,视觉效果是否吸引人,故事是否流畅易懂,根据评估结果总结经验教训,为下次项目提供参考。

分镜头图如图 4-5 所示。

图 4-5 分镜头图

二、学习任务讲解

（一）分镜头制作

（1）创意理解：仔细研读防晒霜广告剧本，理解故事的情节、角色和主题。确定广告的核心信息和情感诉求，为分镜头制作奠定基础。

（2）画面构思：根据剧本内容构思画面，考虑构图、角度、景别、色彩等因素，力求通过画面传达出广告的创意和情感。

（3）绘制故事板：使用绘画工具或软件，将构思好的画面绘制成分镜头（故事板）。每个分镜头应包括画面内容、景别、镜头运动方式、时间长度、台词等信息，以便拍摄团队能够清晰地理解拍摄要求。

（4）审核与修改：与团队成员一起审核故事板，听取他们的意见和建议。根据审核结果，对故事板进行修改和完善，确保其符合广告创意和拍摄要求。

以下是该防晒霜广告故事板制作要点。

1. 角色塑造

明确以年轻时尚的女孩为单一角色，通过她的表情、动作和台词来展现对阳光的不同感受以及对防晒霜的认知和使用体验。

2. 镜头设计

（1）景别运用丰富：从全景展示海边的整体环境和女孩的状态，到中景突出女孩的表情变化，再到特写聚焦防晒霜产品，不同景别相互配合，使广告内容更具层次感。

（2）时长合理分配：每个镜头的时长控制在一定范围内，确保广告节奏紧凑、不拖沓。例如，开头的全景展示用时较短，快速吸引观众注意力，而关键的防晒霜展示和女孩使用后的享受场景则给予相对较多的时间。

（3）画面内容精心设计：

开场画面营造出美好的海边氛围，阳光、大海、微风和女孩的微笑，展现大自然的魅力。

中景画面通过女孩抬手遮挡阳光的动作和担忧的表情，自然引出阳光的伤害问题，为后续推出防晒霜做铺垫。

特写镜头强调女孩对防晒霜的惊喜，突出产品的吸引力。

全景画面展示女孩在涂抹防晒霜后尽情玩耍的快乐场景，强化产品的使用效果。

特写镜头聚焦防晒霜瓶身和品牌标志，加深观众对品牌的印象。

3. 台词与音效

（1）旁白简洁有力：旁白在适当的时候出现，如"阳光，是大自然的礼物""（品牌名）防晒霜，守护你的美""（品牌名）防晒霜，你的阳光伙伴"等，用简洁的语言传达广告的核心信息。

（2）角色台词符合情境：女孩的台词"可阳光也会带来伤害"和"有了它，无忧享受阳光"既表达了她的真实感受，又与广告主题紧密相连。

（3）音乐/音效搭配恰当：海浪声、轻柔的风声、紧张的音乐、轻快的音效和轻松的音乐根据不同的镜头氛围进行切换，增强了广告的感染力和吸引力。

（二）拍摄地点选择

选择海边作为拍摄地点，利用海边的自然美景和阳光，为防晒霜广告营造出合适的氛围，同时也强化了产品的使用场景与目标受众的关联性。

（三）拍摄前期准备

（1）场地勘察：根据广告剧本的要求，寻找合适的拍摄场地。考虑场地的光线、背景等环境因素，确保场地能够满足拍摄需求。进行场地勘察时，要注意场地的安全性和可操作性，避免出现意外情况。

（2）演员选拔：根据广告剧本的角色要求，选拔合适的演员。考虑演员的形象、气质、表演能力等因素，确保演员能够胜任角色。进行演员选拔时，可以通过面试、试镜等方式，了解演员的实力和潜力。

（3）设备准备：根据拍摄需求，准备好所需的拍摄设备和道具，包括摄像机、镜头、三脚架、灯光设备、录音设备等。确保设备的性能良好，能够满足拍摄要求。同时，要准备一些备用设备，以防设备出现故障。

（4）拍摄计划制订：根据广告剧本和分镜头（故事板），制订详细的拍摄计划，包括拍摄时间、拍摄地点、拍摄顺序、演员安排、设备使用等。确保拍摄计划合理、可行，能够高效地完成拍摄任务。

①分镜头脚本。

根据广告剧本，制订详细的分镜头脚本，明确每个镜头的景别、画面内容、台词、音乐/音效等要求。分镜头脚本可以帮助拍摄团队更好地理解广告创意，提高拍摄效率和质量。

②拍摄时间表。

制订拍摄时间表，合理安排拍摄时间和进度。考虑到海边的天气变化和光线条件，选择在最佳的时间段进行拍摄。同时，要预留足够的时间进行设备调试、演员排练和突发情况的处理。

③备用方案。

制订备用方案，以应对可能出现的天气变化、设备故障等突发情况。如果遇到恶劣天气，可以考虑在室内搭建类似海边的场景进行拍摄；如果设备出现故障，可以及时更换备用设备。

以下是该防晒霜广告拍摄前期准备要点：

（1）拍摄设备。

准备高质量的摄影设备，包括摄像机、镜头、三脚架、稳定器等。根据拍摄需求和场地条件，选择合适的设备组合，确保能够拍摄出清晰、稳定的高质量画面。检查设备的性能和状态，确保设备在拍摄前处于良好的工作状态。准备足够的电池和存储卡，以避免拍摄过程中出现电量不足或存储空间不足的情况。

（2）道具。

准备防晒霜的样品，确保包装完整、无损坏。可以准备多个不同规格的产品，以便在拍摄中展示不同的使用场景。根据剧本需求，准备一些与海边场景相关的道具，如太阳镜、草帽、沙滩巾等，以增强画面的美感和真实感。

以上拍摄前期准备工作可以为防晒霜广告的拍摄提供有力的保障，确保拍摄过程顺利进行，最终拍摄出高质量、有创意的广告作品。这将确保视频的最终质量，从而提高观众的观看体验。

（四）沟通与协调

（1）与各方沟通：与演员、拍摄团队、场地管理方等各方进行充分的沟通，确保大家对拍摄计划和要求有清晰的了解。及时解答各方的疑问，确保拍摄工作能够顺利进行。

（2）协调工作：协调各方的工作安排，确保拍摄过程中不会出现冲突和矛盾。例如，协调演员的时间安排，确保其能够按时到达拍摄场地；协调拍摄团队的设备运输和安装，确保设备能够及时到位。

三、学习任务小结

　　本次课专注于产品短视频的创意构思与故事板制作。学习了如何通过明确主题、情节、角色及互动，保持故事的逻辑性与连贯性。创意构思作为创作起点，涉及产品优势分析、市场研究、受众洞察、概念创建及评估选择。同时，学习了创意构思的具体方法，包括目标定位、内容策划、特点抽象、情感连接等。故事板制作方面，掌握了将文字描述故事情景化的技巧，并了解了关键要素如目标定位、核心信息传达、视觉风格选择等。本次课程提高了将创意转化为视觉故事的能力，增强了视频内容的吸引力和传播效果，为未来短视频制作工作奠定了基础。

四、课后作业

　　请根据以下内容完成短视频的创意构思和故事板制作。

　　（1）视频主题：某洗发水品牌形象塑造与产品促销。

　　（2）目标受众：关注头发健康与形象的消费者，尤其是追求品质、时尚的年轻群体。

　　（3）核心信息：强调洗发水的温和、有效、滋养功效以及品牌的专业研发理念和产品的优质成分来源。

　　（4）视频风格：简洁时尚，充满活力，同时带有一定的科普意义，展示洗发水的使用过程和产品优势。

　　（5）结尾呼吁：引导观众通过扫描视频中的二维码或访问指定链接进行产品购买，开启秀发焕新之旅。

完成拍摄制作与作品交付验收

教学目标

（1）专业能力：掌握广告故事板的制作方法和技巧，包括画面构图、镜头运用、色彩搭配等。熟练运用摄影设备和后期制作软件，拍摄出高质量的广告视频，并进行有效的剪辑和特效处理。深入了解防晒霜的产品特点和市场需求，能准确地传达产品的核心信息和品牌价值。

（2）社会能力：培养团队合作精神，能与不同专业背景的人员协作完成广告制作任务。提高沟通能力，能够与客户、演员、摄影师等各方进行有效的沟通和协调。增强市场营销意识，了解广告在产品推广中的作用，能够制定有效的广告策略。

（3）方法能力：培养创新思维，能提出独特的广告创意和故事板设计方案。提高问题解决能力，能在广告制作过程中及时发现和解决问题。强化自主学习能力，能不断学习和掌握新的广告制作技术和方法。

学习目标

（1）知识目标：了解广告故事板的基本概念、作用和制作流程。掌握摄影和后期制作的基本知识和技能，包括相机操作、光线运用、色彩调整、剪辑技巧等。熟悉防晒霜的产品特点、市场定位和目标受众，了解广告创意和营销策略的相关知识。

（2）技能目标：能独立制作广告故事板，包括画面设计、镜头安排、台词撰写等。能熟练操作摄影设备，拍摄出符合广告要求的高质量视频素材。能运用后期制作软件，对视频素材进行剪辑、调色、特效处理等，制作出完整的广告视频。能根据客户需求和反馈，对广告视频进行修改和完善，确保作品质量。

（3）素质目标：培养审美能力和创造力，能够制作出具有艺术感和吸引力的广告作品。培养责任心和敬业精神，认真对待每一个广告制作环节，确保作品质量。增强团队合作意识和沟通能力，能够与团队成员共同完成广告制作任务，实现团队目标。

教学建议

1. 教师活动

（1）理论讲解：教师进行广告故事板制作、摄影技术、后期制作软件使用等方面的理论讲解，通过案例分析、图片展示、视频演示等方式，让学生直观地了解相关知识和技能。邀请行业专家举办讲座，分享实际工作中的经验和技巧，拓宽学生的视野。

（2）小组讨论：将学生分成小组，针对特定的防晒霜广告案例进行讨论，分析其故事板设计、拍摄手法、后期制作等方面的优点和不足，提出改进建议。引导学生讨论不同类型防晒霜的目标受众、产品特点和广告策略，培养学生的市场分析能力和创新思维。

（3）实践操作：安排学生进行广告故事板制作的实践练习，让学生根据给定的防晒霜产品信息和要求，独立完成故事板的设计和绘制。组织学生进行摄影实践，让学生在校园内或校外选择合适的场景，拍摄制作防晒霜广告所需的视频素材，并提供现场指导。安排学生进行后期制作实践，让学生使用专业的后期制作软件对拍摄的视频素材进行剪辑、调色、特效处理等，制作出完整的防晒霜广告视频。

（4）作品展示与评价：组织学生进行作品展示，让每个小组展示自己制作的防晒霜广告视频，并进行讲解和说明。邀请其他教师和行业专家对学生的作品进行评价，从故事板设计、拍摄质量、后期制作、创意表现等方面进行打分和点评，提出改进建议。组织学生进行互评，让学生互相观看作品，提出自己的意见和建议，促进学生之间的学习和交流。

2. 课外实践活动

（1）实地考察：组织学生到防晒霜生产企业或销售场所进行实地考察，了解防晒霜的生产过程、产品特点和市场需求，为广告故事板的制作提供实际素材和灵感。安排学生到广告公司或影视制作公司进行参观学习，了解广告制作的流程和行业发展动态，拓宽学生的视野。

（2）竞赛活动：组织学生参加校内或校外的广告设计竞赛，以竞赛为契机，提高学生的学习积极性和创新能力。为学生提供竞赛指导和支持，帮助学生制订竞赛方案、准备参赛作品，提高学生的竞赛水平和获奖概率。

（3）项目实践：与企业合作，承接实际的防晒霜广告制作项目，让学生在真实的项目环境中进行实践锻炼，提高学生的实际操作能力和职业素养。安排专业教师和企业导师对学生的项目实践进行指导和管理，确保项目的顺利进行和高质量完成。

一、学习问题导入

（1）假设你是一个短视频制作团队的一员，你的团队正在为某品牌防晒霜制作推广视频。描述你将如何与团队成员合作，通过市场调研确定目标受众的偏好，并据此决定视频的主题和风格。

（2）设想你的团队被委托制作一个防晒霜宣传短视频，展示其独特优势。说明你将如何选择合适的视频技术（例如剪辑、特效、音乐等）来提升视频的吸引力，并展现产品的独特魅力。

二、学习任务讲解

（1）作为短视频制作团队的一员，为了更好地为该品牌防晒霜制作推广视频，我们会采取以下步骤与团队成员合作，通过市场调研确定目标受众的偏好，并决定视频的主题和风格。

首先，我们会明确团队成员的分工。有人负责收集市场调研数据，有人负责分析数据，有人负责创意构思，有人负责拍摄，有人负责后期制作等。确保每个环节都有专人负责，提高工作效率。

在市场调研方面，我们会通过线上问卷调查、线下访谈等方式，了解目标受众对防晒霜的需求和偏好。例如，我们会询问他们在选择防晒霜时最看重的因素是什么，是防晒指数、质地、品牌知名度还是其他因素。我们还会了解他们的使用场景，是日常通勤、户外活动还是旅游等。同时，我们也会关注他们的年龄、性别、职业等特征，以便更好地了解他们的消费习惯和审美偏好。

收集到市场调研数据后，我们会进行深入分析。通过数据分析，我们可以了解目标受众的需求和偏好，为视频主题和风格的确定提供依据。如果我们发现目标受众主要是年轻女性，她们更注重防晒霜的质地轻薄、不油腻，同时也喜欢时尚、美观的包装，那么，我们可以确定视频的主题为"时尚轻薄，美丽防晒"，可以采用清新、时尚的风格，画面色彩明亮，音乐轻快活泼。

在确定视频的主题和风格后，我们会进行创意构思。根据主题和风格，我们会设计出具体的故事情节和画面场景。例如，我们可以设计一个年轻女孩在海边度假的场景，她穿着时尚的泳衣，戴着太阳镜，享受着阳光和海浪。但是，她也担心阳光会伤害她的皮肤，于是她拿出了该品牌防晒霜，轻轻涂抹在脸上和身上。瞬间，她的皮肤变得更加光滑细腻，她也更加愉悦地享受着度假的时光。

在拍摄和后期制作阶段，我们会严格按照创意构思进行。拍摄时，我们会注意画面的构图、光线、色彩等因素，确保拍摄出高质量的画面。后期制作时，我们会根据视频的主题和风格，选择合适的音乐、特效和剪辑方式，增强视频的吸引力和感染力。

最后，我们会对制作完成的视频进行审核和修改。我们会邀请目标受众观看视频，并听取他们的意见和建议。根据他们的反馈，我们会对视频进行修改和完善，确保视频能够更好地满足目标受众的需求和偏好。

（2）如果我的团队被委托制作一个防晒霜宣传短视频，展示其独特优势，我会从以下几个方面选择合适的视频技术来强化视频的吸引力，并展现产品的独特魅力。

首先，在剪辑方面，我会采用简洁明快的剪辑风格，突出防晒霜的核心优势。例如，我会将使用防晒霜前后的对比画面进行快速切换，让观众直观地感受到防晒霜的效果。同时，我也会在视频中加入一些动态效果，如转场特效、字幕动画等，增强视频的节奏感和吸引力。

其次，在特效方面，我会根据防晒霜的特点和优势，选择合适的特效来增强视频的视觉效果。例如防晒霜具有防水功能，我可以在视频中加入一些水滴特效，展示防晒霜在水中的效果。如果防晒霜具有轻薄质地，我可以在视频中加入一些透明特效，让观众感受到防晒霜的轻盈感。

在音乐方面，我会选择轻快活泼的音乐，与视频的主题和风格相匹配。音乐可以增强视频的感染力，让观众更容易产生共鸣。同时，我也会根据视频的情节和节奏，合理地安排音乐的起伏和变化，增强视频的节奏感和吸引力。

此外，我还会在视频中加入一些旁白和字幕，介绍防晒霜的特点和优势，让观众更加了解产品。旁白和字幕的语言要简洁明了，富有感染力，能够吸引观众的注意力。

三、学习任务小结

在本次学习任务中，学生全面学习了产品短视频后期制作的全过程，从剪辑技巧、特效应用到声音设计，再到视频的检查、修改与确认，直至最终的交付、验收与新媒体平台发布。通过实践操作，学生不仅掌握了视频后期制作的专业技能，还学会了如何根据用户反馈进行持续优化，提升视频质量与吸引力。同时，学生在团队合作、创新思维与项目管理等方面也得到了锻炼，为未来从事视频制作行业奠定了坚实的基础。通过本次学习任务，学生将能够更好地适应市场需求，成为具备专业素养与综合能力的视频制作人才。

四、课后作业

（1）在平台中选择一个短视频，制作一份简短的观众调查问卷。

（2）在班级或小组中分享你的视频脚本，并收集同学们的反馈。

（3）根据收集到的反馈修改你的脚本草案，并准备一个简短的口头陈述，解释你如何根据反馈进行修改。

项目五
情景短视频创意与制作

学习任务一　项目要求分析与剧本创意制作
学习任务二　分镜头（故事板）制作与拍摄前期准备
学习任务三　完成拍摄制作与作品交付验收

一、项目任务情境描述

从教师或项目组长处接受一项真实的短视频拍摄制作任务。现需要完成一个摄像头产品短视频拍摄与制作，同时需要创设情景，用于该品牌摄像头的形象打造和产品推广与促销，并协助客户在新媒体平台发布。在接到任务后，着手调研和进行产品分析，设计出短视频脚本，使用摄像器材（包括摄影摄像设备、录音和灯光设备等）按照脚本进行分镜头及产品素材的拍摄，运用剪映专业版或 Premiere 等软件进行美化、剪辑、音效处理等视频后期处理；根据新媒体平台用户浏览特点，制作吸引用户的优质视频封面，并最终达到引导下单的目标。制作完成的情景短视频文件按照短视频社区平台的指定格式和存档方式交付给教师或项目组长。

接到工作任务后，领取所需的工具和设备，具体如下。

（1）拍摄设备：摄影机、智能手机、摄影补光灯、防抖稳定器、云台、三脚架、收音麦克风、照明设备、监视器、监听耳机，如图 5-1 所示。

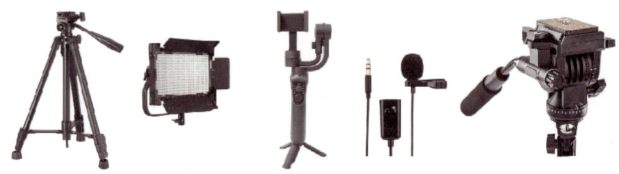

图 5-1 拍摄设备

（2）剪辑设备与软件。

计算机：性能良好的电脑，最好是配备专业图形卡的台式机或高性能笔记本。

剪辑软件：如 Adobe Premiere Pro、Final Cut Premiereo、DaVinci Resolve 等专业视频剪辑软件。

音频编辑软件：如 Adobe Audition、Audacity 等，用于处理旁白和音效。

图像编辑软件：如 Adobe Photoshop、GIMP 等，用于创建静态图像和字幕。

动画和特效软件：如 Adobe After Effects，用于添加动态图形和视觉特效。

色彩校正工具：专业的视频色彩校正软件或内置在剪辑软件中的色彩校正功能。

剪辑软件如图 5-2 所示。

图 5-2 剪辑软件

（3）辅助工具。

存储设备：大容量的硬盘如固态硬盘，用于存储视频素材和项目文件。

备份解决方案：如 NAS（网络附加存储）或云存储服务，确保数据安全。

音频设备：音频接口、调音台等，用于高级音频录制和处理。

镜头和配件：不同焦段的镜头、镜头支架、遮光罩等。

便携式电源：为拍摄设备提供现场电源支持。

场景道具：根据视频内容需要准备的各种道具。

（4）后期制作工具。

调色台：用于精确控制色彩校正。

专业监视器：用于准确评估视频的色彩和细节。

渲染农场：要实现复杂的视频特效和高清渲染，可能需要使用渲染农场。

后期制作工具如图 5-3 所示。

图 5-3 后期制作工具

还应考虑预算，根据预算选择合适的设备，初学者可以从基础设备开始，逐步升级。如果需要在不同地点拍摄，则需要考虑设备的便携性。此外，确保所有设备和软件之间的兼容性。

获取该品牌摄像头的产品信息，明确工作时间节点和交付要求。解读企业背景及行业细分，明确产品特点和卖点，确定情景短视频拍摄与制作的流程，合理制订工作计划。进行情景短视频脚本的编写，并交教师或项目组长审定和调整。按短视频脚本内容，做好资源准备、场景布置、分镜头拍摄等工作。使用剪映专业版或 Premiere 等软件中的分割、智能抠图、音频分离、转场、滤镜等工具进行美化、剪辑和后期效果处理，完成优质视频封面的制作。完成短视频初次版本后交教师或项目组长审核，根据意见进行修改，直至确定最终效果。按照现有短视频平台的要求和标准规范完成源文件，最终输出 1 份 MP4 格式、宽高比为 9∶16(竖屏视频)、分辨率为 720x1280 的短视频，交付给教师或项目组长。

工作过程中，遵守企业质量体系管理制度、6S 管理制度等企业管理规定，遵守《中华人民共和国著作权法》《网络短视频内容审核标准细则》《网络直播营销管理办法(试行)》，并注意版权及授权范围，不侵犯他人肖像权，保证短视频内容符合国家法律规定。工作完成后，对文件进行归档整理。

二、项目任务实施分析

1. 情景短视频任务的获取与明确

摄影师（教师）与拍摄助理一同前往该品牌摄像头公司，与公司负责人进行深入沟通，收集该摄像头产品特性、市场定位等关键信息，并进行现场拍摄。同时了解并记录视频宣传内容和推广平台的具体要求，确保对项目有全面的了解。

【工作成果】：短视频推广分析表。

【学习成果】：客户调查。

2. 情景短视频拍摄计划的制订

拍摄助理在前期准备阶段进行市场调研和产品分析，深入研究摄像头的市场潜力和目标受众，进行目标客户与目标市场的分析。同时，分析新媒体平台的用户行为和偏好，以及竞争对手的短视频内容策略，构思创意脚本，并准备相应的设备和技术，制订拍摄计划。此外，还需要考虑平台流量以及视频的个性化拍摄方式，以确保视频内容的吸引力和传播效果。

【工作成果】：短视频拍摄工作计划。

【学习成果】：摄像头产品市场分析报告。

3. 情景短视频脚本的编写和确定

（1）与公司负责人进行深入沟通，了解摄像头的特点以及市场定位。同时拍摄现场照片和视频素材，为脚本创作提供直观素材。

（2）根据收集到的信息，结合摄像头产品的市场卖点，编写短视频脚本。脚本需突出该品牌摄像头以其高性价比、智能化功能和易用性受到用户青睐。脚本完成后，提交给教师审阅，并根据反馈进行调整优化。

（3）利用软件和拍摄到的现场素材，以及产品展示的分镜头草图，为视频拍摄提供详细的视觉参考。

（4）参考手绘原始结构图制作短视频分镜头脚本，完成后交给教师或项目组长做短视频内容审核。

【工作成果】：该品牌摄像头产品展示分镜头草图。

【学习成果】：短视频脚本。

4. 根据脚本完成短视频拍摄

（1）根据调研资料和编写的短视频脚本，明确展示的重点，如摄像头具有高清分辨率、红外夜视、云台旋转监控、AI人形侦测、双向语音通话等优点和功能，方便用户通过手机远程查看家中情况。该品牌摄像头还具备物理隐私遮蔽功能，可保护用户隐私，同时支持多种存储方式，包括云存储和本地存储，满足不同用户的需求等。

（2）使用摄影机、智能手机等设备收集高质量的视频素材，同时注意录音质量，确保所有视听素材均符合制作标准。

（3）根据脚本内容进行场景布置和分镜头拍摄，拍摄过程中注意素材的质量和多样性，确保后期剪辑有足够的素材选择。

【工作成果】：该品牌摄像头视频素材、相关产品视频素材。

【学习成果】：情景短视频拍摄。

5. 情景短视频后期剪辑效果处理

使用剪映专业版或 Premiere 等软件进行视频的后期处理，包括剪辑、美化、添加音效和特效等。同时，制作符合新媒体平台用户浏览习惯的视频封面，以提高视频的吸引力和引导用户下单。

【工作成果】：完成的情景短视频文件、优质视频封面。

【学习成果】：后期剪辑处理方案。

6. 情景短视频的检查、修改和确认

（1）完成短视频初版后，提交给教师或项目组长进行审核，根据反馈进行必要的调整和改进。

（2）确保短视频内容准确反映该品牌摄像头的优势和产品特色，同时符合市场推广的需求。

【工作成果】：最终版本的情景短视频文件。

【学习成果】：视频内容审核反馈。

7. 情景短视频的交付和验收

（1）按照短视频发布平台的技术要求，输出最终版本的视频文件，格式为 MP4，分辨率为 720×1280，宽高比为 9:16，确保视频在各种设备上均可完美展示。

（2）将完成的短视频交付给教师或项目组长，并协助其在新媒体平台发布。

【工作成果】：经验收的短视频文件。

【学习成果】：短视频发布。

情景短视频拍摄与后期剪辑效果处理如图 5-4 所示。

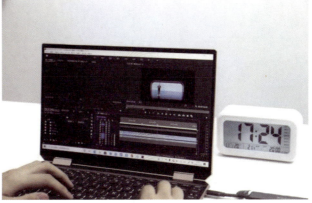

图 5-4 情景短视频拍摄与后期剪辑效果处理

三、项目任务学习总目标

学习完本项目后，能完成情景短视频拍摄与制作，并熟练掌握剪映专业版和 Premiere 软件的操作方法。培养交往与合作、创新思维、解决问题、现场调度等通用职业能力；养成高效务实、细致严谨、成本意识、效率意识、审美素养、规范意识、法律意识等职业素养；培养坚定理想信念、社会主义核心价值观、劳模精神、文化自信的思政素养。具体包括以下方面。

（1）能针对接受的任务，与教师或项目组长有效沟通，采用信息记录及提取的方法获取企业名称、产品属性及特点等信息；根据企业宣传需要和针对的目标受众群体，明确任务要求、交付时间、拍摄的整体风格和要求，具备良好的交往与合作能力。

（2）能根据任务要求，采用资料查询法和信息检索法分析并深入了解产品特征，收集品牌和产品相关信息，明确产品的卖点，突出产品与人物、场景等的关系。依据分析结果和短视频制作流程制订工作计划，具备观察分析能力，以及高效务实、细致严谨的工作态度。

（3）能根据工作计划，做好拍摄的前期准备，运用短视频脚本编写的情境法和产品代入法，增加产品的体验感并突出其特点和卖点，编写出具有情节性的短视频拍摄脚本，并按照脚本需要准备拍摄相关的设备和道具，做好空间场景的布置，确定演员、台词、妆容、服装、道具等，具备现场调度能力、问题解决能力、良好的空间感和情节叙述能力。

（4）能按照编写好的情景创意短视频脚本调试设备、布景，合理运用光线，有效调动演员及现场气氛，应用镜头景别、拍摄角度和光线，控制好拍摄的时长，具备成本意识和效率意识；能根据脚本拍摄出相应的分镜头，具备摄影摄像的专业能力，以及坚定理想信念、社会主义核心价值观、文化自信。

（5）能根据新媒体平台视频发布的要求、用户浏览特点，运用叙述性蒙太奇等手法进行视频剪辑。使用剪映专业版和 Premiere 等软件进行合成和美化，添加音效、相应的视频转场和特殊效果，掌握视频剪辑和特效制作技术。能对短视频的整体风格进行把握，具备审美素养、创新思维以及高效务实、细致严谨的工作态度。

（6）能根据脚本和短视频平台的发布要求，对短视频的图像质量、宽高比、分辨率、时长进行核对检查，保证作品完整、符合输出标准，具备认真负责的态度和工匠精神。

（7）能根据工作时间和任务交付要求，按时交付情景短视频终稿，满足清晰度高、流畅性好、整洁度高、色彩曝光效果好等标准，具备时间意识、效率意识和责任意识；能严格执行合同规定以及企业的管理标准、保密制度，遵守《中华人民共和国著作权法》《网络短视频内容审核标准细则》《网络直播营销管理办法（试行）》，并注意版权及授权范围，不侵犯他人肖像权，具备规范意识、法律意识。

项目要求分析与剧本创意制作

教学目标

（1）专业能力：了解市场调研和数据分析的基本工具和方法，具备使用各种工具和方法进行市场调研的能力，通过定位分析了解市场趋势和消费者行为，能通过数据分析确定产品定位和目标受众，能准确识别产品的核心特点和卖点，并据此制定有效的传播策略。

（2）社会能力：能利用社交媒体平台进行数据收集和分析，提升情景短视频创作的针对性和有效性。展现出优秀的沟通技巧，以便在团队内部以及与外部相关方有效交流产品信息。能在团队中扮演积极角色，与其他成员协同工作，共同完成产品分析和定位任务。

（3）方法能力：能设计并实施市场调研，使用问卷调查、用户访谈和对比实验等方法收集用户需求和偏好数据。具备数据分析能力，能整合平台数据和主动收集的数据，使用数据分析工具进行整理和分析，生成可视化图表和报告，以支持产品定位和目标受众分析。能适应不断变化的市场环境，持续学习和更新相关知识，以确保产品定位的时效性和准确性。

学习目标

（1）知识目标：理解情景短视频创作的基本理论和方法，包括如何进行产品定位和目标受众分析。理解市场调研的基本原理和方法，包括数据收集、处理和分析的流程。掌握消费者行为的基本理论，了解消费者做决策的过程和影响因素。

（2）技能目标：能根据市场调研结果进行情景短视频的产品定位和目标受众分析，并撰写分析报告。掌握数据分析工具的使用方法，能独立完成数据的整理、分析和可视化展示。学会接受和处理来自不同利益相关者的反馈，能根据反馈进行合理的调整和优化。

（3）素质目标：培养细致、认真的工作态度，提升发现问题和解决问题的能力，增强创造力和艺术表达能力。培养创新思维，能在市场调研和产品定位过程中提出新颖的想法和策略。树立良好的职业素养，包括高效务实、细致严谨的工作态度和法律意识。

教学建议

1. 教师活动

（1）市场调研讲解：教师详细介绍市场调研的基本理论和方法，包括数据收集、处理和分析的流程。

（2）案例分析：教师可以选择几个典型的市场案例，引导学生分析这些案例中的市场调研和产品定位策略。

（3）工具培训：教师教授学生如何使用各种市场调研工具，例如问卷调查软件和数据分析程序。

2. 学生活动

（1）实践操作：参与实际的市场调研项目，运用所掌握的工具和方法进行数据采集和分析。

（2）团队协作：在小组内分工合作，共同完成一个市场调研报告或产品定位方案。

（3）反馈交流：积极参与同伴评价，提供建设性的反馈，并根据反馈进行工作优化。

教学材料准备

1. 理论知识材料

《摄影与摄像技术》《影视剧本写作基础》《广告创意与策划》《短视频创意与制作》等参考书籍，以及品牌营销案例、优秀广告视频、摄像头说明书等参考资料。

2. 工具材料

（1）剧本写作模板。

（2）拍摄计划表。

（3）分镜头脚本表。

（4）摄影设备。

（5）剪辑软件。

3. 案例分析材料

创意头脑风暴工具。

4. 评估材料

（1）评估标准表格。

（2）反馈问卷。

一、学习问题导入

项目目标的明确性至关重要，在开始制作短视频之前，首先应明确其目的和受众群体。例如需要确定这个短视频是用来展示某个产品的功能和特点，还是用于教学目的，向观众传授特定的知识或技能，或者是纯粹为了娱乐，提供轻松愉快的内容。不同的目的和受众将直接影响短视频的制作方式、内容选择和呈现形式。

了解设备特性是制作高质量短视频的基础。需要熟悉该品牌摄像头的各项基本功能，以便充分宣传其优势。例如该品牌摄像头具备实时在线查看的功能，可以随时监控拍摄现场的情况。此外，它还支持 24 小时实时录像功能，能够捕捉到每一个重要的瞬间，不会错过任何关键画面。人形侦测功能则进一步提升了摄像头的智能化水平，能够在检测到人形移动时自动触发录像或其他相关操作，从而提高监控效率和安全性。通过深入了解和掌握这些设备特性，我们可以更好地利用该品牌摄像头来制作出高质量的短视频。

摄像头的基本功能如图 5-5 所示。

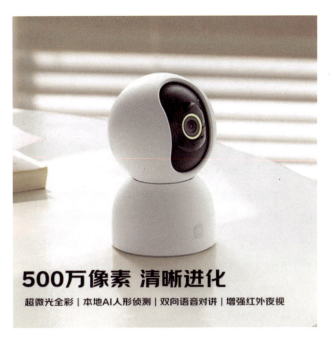

图 5-5 摄像头的基本功能

二、学习任务讲解

（一）产品定位与项目要求

摄像头产品定位是一个综合性的过程，旨在确定该品牌摄像头在消费者心目中的形象和地位。这个过程涉及多个方面，以确保产品能够满足目标市场的需求并获得竞争优势。

目标市场定位是产品定位的基础，该品牌摄像头的目标市场定位应充分考虑多方面因素。通过科技创新、品质提升、品牌建设和精准营销，将该品牌摄像头打造成为国内外知名的优质电子产品，从而满足消费者需求，为消费者提供更好的选择。同时，企业需要根据市场细分和消费者需求，确定产品所针对的具体消费人群和市场需求。了解消费者的需求、偏好、购买能力等信息，从而确定产品的价格、规格、功能等方面的特征。摄像头目标市场定位如图 5-6 所示。

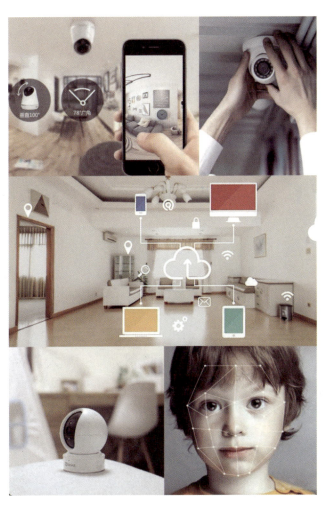

图 5-6 摄像头目标市场定位

该品牌摄像头的情景短视频创意与制作项目可以从以下几个方面进行分析。

（1）产品定位：该品牌摄像头作为一款智能家居产品，主要提供家庭安全监控、远程查看与智能互动等功能。它通过高清画质、夜视能力、AI人形侦测等技术，满足用户对家庭安全的需求。

（2）核心功能：充分利用该品牌摄像头的核心功能，如实时在线查看、24小时实时录像、移动侦测、人形追踪、夜视功能、双向语音通话等，来丰富剧本内容。

（3）智能互联：该品牌摄像头可以接入手机APP，实现与其他智能家居设备的联动，剧本创意可以围绕这一点设计，如通过摄像头触发其他智能设备。

（4）用户隐私：考虑到用户对隐私的关注，短视频应包含对摄像头隐私保护功能的展示，例如物理遮蔽功能和数据加密技术。

（5）创意表达：鼓励剧本创意，可以结合该品牌摄像头的AI功能，如人脸识别、婴儿哭声监测等，来设计有情感共鸣或教育意义的故事情节。

（6）技术实现：在剧本创意阶段，需要考虑技术实现的可行性，包括拍摄技巧、视频编辑、后期制作等，确保最终视频的质量。

（7）用户体验：短视频内容应关注用户体验，包括操作的简便性、功能的实用性以及用户反馈的及时性，以提升用户对短视频内容的满意度。

（8）市场趋势：考虑当前短视频市场的趋势和用户偏好，应创作符合市场潮流的短视频内容，以吸引更多观众。

（9）风险管理：项目要求应包括风险评估和管理计划，确保短视频制作过程中潜在的技术问题、版权问题等得到妥善处理。

通过上述分析，可以为该品牌摄像头的情景短视频创意与制作项目确定明确的要求和目标，以创作出既吸引人又符合产品特性的短视频内容。摄像头产品功能分析如图5-7所示。

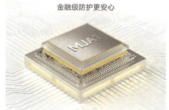

图5-7 摄像头产品功能分析

（二）剧本创意制作

1. 明确产品定位

1）分析产品的目标市场

考虑消费者的年龄、性别、职业、收入水平等因素，确定该品牌摄像头主要的消费人群。研究市场趋势和消费者需求变化，该品牌摄像头在中国消费级监控市场表现强劲，线上销量和销售额领先，而线下市场面临挑战。产品功能多样化，特定功能（如哭声监测）摄像头受欢迎，销量增长6.5%。宠物识别摄像头销量同比增长超30%。室内智能摄像头需求增加，云台摄像头销量占比52.1%，智能化水平提升。预计市场将继续增长，关注AI能力、双目产品和夜视技术的改进。

2）确定产品的独特卖点

该品牌摄像头的独特卖点主要体现在以下几个方面。

（1）高清画质：该品牌智能摄像机云台版提供1080P高清画质，500万像素，WDR技术，即使逆光也能保留画面细节。

（2）AI人形侦测：利用AI技术，该品牌摄像头可以有效过滤无效报警，提高报警的准确性。

（3）360°全景视角：采用双电机云台，提供360°水平可视角度和109°垂直可视角度，让监控无死角。

（4）双向语音实时通话：支持双向语音实时通话功能，提供面对面交流的体验。

（5）多种存储方式：支持本地Micro SD卡存储、NAS存储设备以及云存储，提供更多安全保护选项。

（6）多设备远程查看：支持手机、平板电脑远程查看，方便用户随时随地查看监控画面。

（7）全面加密：数据传输全程加密，云端数据采用AES 128位加密，保护用户隐私。

（8）物理遮蔽功能：提供物理遮蔽，保护用户隐私，使用户更加安心。

（9）人脸识别和婴儿哭声监测：具备AI人脸识别功能，无须开通云服务即可使用，同时还有婴儿哭声监测功能，适合有小孩的家庭。

（10）手势通话：支持手势通话功能，通过摄像头端发起通话，方便快捷。

（11）智能互联：作为该品牌智能家居生态中的重要产品，在海外市场已经享受到了该品牌影响力带来的积极效应。

（12）超微光全彩技术：在光线较暗的环境下，仍能保持彩色画面，提升夜间监控效果。

这些卖点共同构成了该品牌摄像头的竞争优势，满足了用户对家庭安防、智能监控以及便捷操作的需求。

2. 设定广告场景

可以选择日常生活中的场景，如上班路上、户外旅游时，展示用与该品牌摄像头的交互效果。

3. 设计人物角色

根据目标市场定位，选择具有代表性的人物角色，例如，年轻时尚的白领、宝妈等。

4. 构建故事情节

构建以该品牌摄像头为核心的故事情节时，可以考虑以下几个方面。

（1）家庭安全守护者：故事围绕一个家庭展开，该品牌摄像头作为家庭安全的守护者，记录了家庭成员的日常生活，同时在关键时刻提供安全警报。

（2）智能家庭的中心：该品牌摄像头不仅是监控工具，还是智能家居系统的中心，与其他智能设备如智能门锁、灯光系统、温控系统等联动，共同营造一个自动化的家居环境。

（3）孤独老人的陪伴：讲述一位老人独自生活，通过该品牌摄像头与远方的家人保持联系的故事，家人可以通过摄像头进行远程通话，给予老人关怀和陪伴。

（4）记录宠物的日常：通过该品牌摄像头记录宠物在家的有趣行为，主人在外工作时可以随时查看宠物的情况，甚至通过摄像头与宠物进行互动。

（5）儿童成长的记录者：利用该品牌摄像头记录孩子成长的点点滴滴，家长可以随时回看孩子的成长瞬间，包括第一次学步、第一次自己吃饭等。

（6）家庭冒险游戏：家庭成员利用该品牌摄像头玩一场"侦探游戏"，通过摄像头的线索找到家中隐藏的"宝藏"，增加家庭成员间的互动乐趣。

（7）邻里互助的桥梁：故事中，用户使用该品牌摄像头帮助邻居看家，当邻居外出时，通过摄像头帮助其留意家中情况，构建邻里互助的温馨故事。

（8）时间胶囊：家庭决定使用该品牌摄像头作为时间胶囊，定期记录家庭活动和重要时刻，多年后回看，成为珍贵的家庭记忆。

（9）特殊事件的见证者：该品牌摄像头记录了一个家庭中发生的一系列特殊事件，如意外的求婚、生日惊喜等，成为这些重要时刻的见证者。

通过这些故事情节，可以展现该品牌摄像头在不同生活场景中的应用，同时传达出科技给人们生活带来的便利和温度。

（三）选择视觉元素和语言风格

1. 视觉元素

根据目标受众和产品特性来确定广告的画面风格，如果目标受众是家庭用户，清新自然的风格可能更为合适；若产品面向年轻用户，则时尚动感的风格可能更有吸引力。

2. 语言风格

根据目标市场定位和品牌形象，选择合适的语言风格。例如采用幽默风趣的语言风格来体现品牌的亲切感和科技感：

在忙碌的日子里，家是温馨的港湾。该品牌智能摄像头，用科技的力量为你守护这份温馨，给你的生活添上一抹轻松和欢笑。

想象一下，当你在外奔波，只需轻点手机，家的每个角落都清晰可见。该品牌摄像头的超清视界，让距离不再是距离。

担心操作复杂？别怕，该品牌摄像头和你一样聪明，一键连接，简单到连家里的宠物看了都会用。

安全感，是该品牌给你的温柔拥抱。AI智能侦测，让一切不速之客无处遁形，而物理遮蔽功能，为你的隐私提供贴心保护。

偶尔想家了？打开摄像头，和家里的"毛孩子"来个远程"对话"，它的"一脸懵圈"，或许就是你一天中的快乐源泉。

该品牌智能摄像头不只是家居安防的升级，更是生活品质的加分项。和该品牌一起，让生活更智能，更有趣，更有爱。

这段文字融合了该品牌年轻、时尚的特点，同时表现了该品牌摄像头的智能化和实用性，以及对用户隐私的尊重和保护。

（四）制定发布策略

考虑目标受众的媒体使用习惯，选择合适的传播渠道。该品牌摄像头作为智能家居的一环，其短视频广告的传播渠道主要聚焦于线上市场，特别是社交媒体平台。该品牌摄像头的线上推广策略充分利用了互联网的便捷性和互动性，通过社交媒体平台的短视频教程、用户评测和产品展示，有效提升了品牌的可见度和用户的购买兴趣。

在社交媒体平台上分享和传播该品牌摄像头的短视频广告，可不断吸引和积累用户群体，从而成功地将产品优势转化为市场竞争力，实现品牌的持续增长和用户的深度绑定。

（五）设定成效评估标准

（1）确定评估指标：可以选择广告的曝光量、点击率、转化率等指标，评估广告的传播效果。关注品牌知名度和美誉度的提升，以及产品的销售量和市场份额的变化。

（2）收集反馈信息：通过问卷调查等方式，收集消费者对广告的反馈意见。分析消费者的评价和建议，及时优化广告内容和发布策略。

成效评估标准也可以从以下几个关键方面来衡量。

（1）观看量与播放完成率：短视频的观看次数以及用户观看视频的完整度，能够直接反映视频的吸引力和用户黏性。

（2）用户互动：包括点赞、评论和分享的数量。这些指标能够反映用户对视频内容的参与度和满意度。

（3）转化率：转化率即观看短视频后进行购买的用户比例，用于评估短视频对产品销售的实际贡献。

（4）品牌知名度：通过市场调研或社交媒体分析工具来评估该品牌知名度的变化情况。

（5）用户反馈：通过收集和分析用户对短视频内容的反馈，了解宣传是否达到预期效果，以及用户对产品的接受度和建议。

（6）社交媒体传播效果：评估短视频在社交媒体上的传播范围，包括触及的受众数量和传播的深度。

（7）SEO效果：短视频的关键词排名和搜索引擎流量，反映短视频在搜索引擎中的可见度和优化效果。

（8）成本效益分析：投入与回报的比例，评估短视频宣传的成本效益，确保宣传投入能够带来正向的经济效益。

（9）情感分析：通过分析用户评论和反馈中的情感倾向，了解用户对该品牌摄像头的情感态度和品牌忠诚度。

（10）行业比较：与同行业其他品牌的短视频宣传效果进行比较，评估该品牌摄像头宣传短视频在市场中的表现。

综合这些评估指标，对短视频宣传的效果进行全面的分析和总结，进而优化宣传策略，提升宣传效果，提升品牌形象和市场竞争力。

（六）脚本编写

脚本编写要确保脚本内容真实，不虚假宣传，同时通俗易懂，有人情味，避免过度煽情。此外，根据平台调性和用户偏好调整文案风格。可以遵循以下故事结构和创意要点。

（1）明确主题和观点：确定视频要传达的核心信息或情感，例如家庭安全、智能生活等。

（2）搭建框架：设计人物、环境和道具，构建故事的大纲，确保内容围绕主题展开。

（3）场景设计：选择合适的拍摄地点，如室内家居环境，增强代入感。

（4）时间把控：注意视频时长，确保内容紧凑，可以在视频开头设置吸引点，如15秒内的小高潮。

（5）主题升华：在视频结尾进行总结，提升主题，或引导观众期待下一期内容。

（6）引入爆款视频原则：利用黄金时间原则、钩子定律和标签原则来增加视频的吸引力和完播率。

（7）创意镜头设计：运用不同的拍摄角度和镜头运动方式，如推、拉、摇、移等，增加视觉吸引力。

（8）语言简练有力：使用简洁有力的语言，避免冗长叙述，确保字幕不要超过 180 个字。

（9）脚本和配乐配合：选择适合视频氛围的配乐，增强情感共鸣。

（10）使用 AI 技术：该品牌智能摄像头具备 AI 人形侦测等智能功能，可以在脚本中展示这些高科技元素。

（11）展示产品特点：如 1080P 高清画质、360°全景视角、红外夜视、双向语音等，确保这些特点在脚本中得到体现。

（12）拆解展示：可以通过拆解展示该品牌摄像头的内部结构和组件，增加透明度和信任感。

（七）脚本格式和范本

1. 标准格式

在编写脚本时，应正确使用场景描述、角色名、对白和镜头指示，确保脚本的一致性和专业性；同时注重格式的规范性，以便团队成员易于理解和执行。例如，场景描述应简洁明了，角色名应统一，对白应符合角色性格，镜头指示应具体明确。

编写该品牌摄像头的短视频脚本时，可以采用分镜头脚本的形式，确保每个镜头都有明确的目的和内容，如表 5-1 所示。

注意，这个分镜头脚本只是一个示例，实际编写时需要根据具体的视频内容、产品特性和目标受众进行调整。此外，镜头的时长、台词和动作都应该服务于故事的叙述和产品特点的展示。

2. 范本分析

下面提供一则优秀的短视频脚本范本，请大家分析其结构和内容，看看它是如何展示产品的吸引力和强调产品的独特卖点的。

（1）视频标题："智慧守护，家的每一个瞬间——某品牌智能摄像头体验。"

（2）视频开头（吸引注意力）。

镜头 1：温馨的家庭场景，孩子在玩耍，宠物在跑动。

景别：全景。

台词：孩子的笑声和宠物的叫声。

时长：3 秒。

（3）引入产品。

镜头 2：平滑过渡到该品牌摄像头，展示其外观和位置。

景别：中景。

台词：旁白介绍产品特点。

时长：5 秒。

（4）产品特点展示。

镜头 3：展示 1080P 高清画质，捕捉孩子和宠物的细节。

景别：特写。

台词："高清捕捉，不错过每一个细节。"

时长：4 秒。

表 5-1 分镜头脚本示例

镜号	场景描述	画面内容	景别	拍摄机位	人物动作	台词	时长
1	客厅，白天	家庭成员在客厅活动	中景	固定机位	正常日常活动	无	3 s
2	客厅，该品牌摄像头特写	摄像头缓缓转动	特写	微距拍摄	展示摄像头的转动和清晰画质	无	2 s
3	客厅人物动作	孩子玩耍、宠物跑动	近景	跟随拍摄	展示摄像头捕捉动态的能力	孩子笑声，宠物叫声	4 s
4	客厅，夜幕降临	室内灯光自动亮起	全景	高角度拍摄	展示摄像头的夜视功能	无	3 s
5	客厅人物动作	家庭成员通过手机查看摄像头	中景	侧拍	展示远程查看功能	"看，宝贝在干吗呢？"	5 s
6	客厅摄像头特写	摄像头接收到移动侦测信号	特写	微距拍摄	展示 AI 人形侦测功能	警报声响	2 s
7	客厅人物动作	家庭成员收到报警并查看	近景	正面拍摄	展示即时报警通知	"咦，有动静？"	4 s
8	客厅，白天	家庭成员安心地坐在沙发上	中景	低角度拍摄	展示使用摄像头后的安心感	"现在放心多了。"	3 s
9	结尾，产品展示	该品牌摄像头和 APP 界面	特写	固定机位	展示产品特点和操作界面	"该品牌智能摄像头，家的安全守护者。"	5 s

镜头 4：展示 360°全景视角，摄像头旋转覆盖整个房间。

景别：中景跟随。

台词："全方位视角，家的每一面都在眼里。"

时长：6 秒。

镜头 5：夜视功能展示，从傍晚到夜晚的过渡。

景别：全景。

台词："无论白天黑夜，守护不间断。"

时长：5 秒。

（5）智能功能体验。

镜头 6：AI 人形侦测，警报响起，用户通过手机查看。

景别：近景。

台词：警报声和用户惊讶的反应。

时长：4 秒。

镜头 7：双向语音功能，用户通过摄像头与家人交流。

景别：中景。

台词："嘿，宝贝，该回家了。"

时长：6 秒。

（6）用户评价和使用场景。

镜头 8：用户在不同场景下使用摄像头，如办公室、外出旅游。

景别：中景。

台词：用户评价和旁白介绍使用场景。

时长：8 秒。

（7）总结。

镜头 9：总结该品牌摄像头带来的安心和便捷。

景别：全景。

台词："该品牌智能摄像头，让家更安全，让心更近。"

时长：5 秒。

镜头 10：行动号召，展示购买链接和促销信息。

景别：特写。

台词："立即体验，守护你的每一天。"

时长：4 秒。

（8）视频结尾。

镜头 11：LOGO 展示，背景音乐渐弱。

景别：特写。

台词：无。

时长：3 秒。

整个视频流畅、紧凑，每个镜头都紧密相连，传达出该品牌摄像头的便利性和智能性。同时，使用温馨的家庭场景和日常生活片段来增强观众的共鸣。

三、学习任务小结

本次课我们深入探讨了在情景短视频拍摄过程中，产品定位与目标受众分析的重要性。产品定位应当明确产品的核心价值、特征以及优势，制定合理的定价策略，凸显产品的独特卖点，明确市场定位。在目标受众分析方面，需要对受众群体进行细致的划分，深入了解各群体的需求和偏好。通过深入研究受众的特征，可以精准确定短视频的内容，以吸引并保持观众的注意力。同时，应关注消费者在观看短视频时的具体需求与期望，例如产品展示的清晰度、真实使用场景的呈现、详尽的信息提供、互动性、创意以及趣味性等。

四、课后作业

（1）选择某一品牌进行产品定位分析。

（2）撰写所选产品的定位与目标受众分析报告，并初步构思情景短视频拍摄内容。

分镜头（故事板）制作与拍摄前期准备

教学目标

（1）专业能力：能产生与产品特性和目标市场紧密相连的创意点。能将剧本创意转化为有吸引力的分镜头故事线，确保故事情节与产品特点自然融合。理解并应用视觉元素如构图、色彩、光影和运动等来增强故事表达。能编写出符合视频叙事需求和节奏掌控的脚本。能将脚本内容转化为视觉化的故事板，包括关键镜头的设计和时间线安排。掌握拍摄前期准备工作要素。使用拍摄设备和编辑软件，如国产软件剪映专业版等，进行高质量的视频制作。

（2）社会能力：在与团队成员、客户或利益相关者交流时，能清晰准确地传达想法和反馈。能在团队环境中协作，尊重不同角色的意见和工作，共同完成项目。在需要时能带领团队向目标前进，展现出组织和协调能力。对团队和个人的想法进行批判性分析，确保创意方案和执行计划的质量和效果。能灵活应对变化，包括项目需求的变动、时间限制或资源限制。

（3）方法能力：具备市场研究和分析的能力，了解并分析目标受众的偏好，确保创意内容符合其期望和兴趣。展现出优秀的项目管理能力，能合理安排时间和资源，确保创意构思和故事板制作流程高效有序。采用迭代的方法不断优化创意构思和故事板设计，通过反复的讨论和修改，不断提升工作质量。对拍摄的视频内容进行自我评估，确保拍摄前期准备工作符合既定目标和标准。

学习目标

（1）知识目标：理解产品特性与目标市场，能根据这些信息产生创意点。掌握故事线的构建方法，确保故事情节与产品特点的自然融合。学习视觉元素的应用，包括构图、色彩、光影和运动等，以增强故事表达。熟悉拍摄设备和编辑软件，如国产软件剪映专业版等，了解其功能和操作。掌握视频叙事脚本编写技巧，包括如何符合视频叙事需求和节奏掌控。学习如何将脚本内容转化为视觉化的故事板，包括关键镜头设计和时间线安排。学习如何进行场地勘察与确定、人员安排、设备与道具准备、拍摄计划制订、沟通与协调。

（2）技能目标：能独立产生与产品和市场紧密相连的创意，并将其转化为有吸引力的故事线。应用视觉元素来提升故事的表达力，包括构图、色彩、光影和运动等。使用拍摄设备和编辑软件进行高质量视频制作。编写符合视频叙事需求和节奏掌控的脚本。将脚本内容转化为视觉化的故事板，包括设计关键镜头和安排时间线。在团队中清晰准确地传达想法和反馈，协作完成项目。在需要时带领团队，展现出组织和协调能力。对团队和个人的想法进行批判性分析，确保创意方案和执行计划的质量和效果。灵活应对项目需求变动、时间限制或资源限制。

（3）素质目标：培养项目规划和管理能力，确保项目按时交付且满足质量要求。提高时间管理能力，有效处理多任务，确保各环节按时完成。学习研究和利用最新技术、行业趋势和媒体资源，提升视频内容的吸引力。对拍摄的视频内容进行自我评估，确保其符合既定目标和标准。完成项目后进行反思和总结，持续改进未来工作。

教学建议

1. 教师活动

（1）理论讲解：介绍产品特性与目标市场的重要性，并解释如何根据这些信息产生创意点。教授故事线的构建方法，确保故事情节与产品特点的自然融合。演示视觉元素的应用，包括构图、色彩、光影和运动等，以增强故事表达。

（2）软件操作指导：提供剪映专业版等软件的操作演示，详细解释其功能和操作方法。分享视频叙事脚本编写技巧，强调如何符合视频叙事需求和节奏掌控。

（3）案例分析：展示成功的产品视频案例，分析其创意构思、故事叙述、视觉效果等。讨论如何在团队中有效沟通和协作，以及如何应对项目中的挑战和变化。

（4）实践指导：监督使用拍摄设备和编辑软件进行视频制作，提供实时反馈和建议。指导如何将脚本内容转化为视觉化的故事板，包括设计关键镜头和安排时间线。

（5）项目拍摄前期规划与管理：教授项目规划和管理方法，确保项目按时交付且满足质量要求。帮助提高时间管理能力，有效处理多任务，确保各环节按时完成。

2. 学生活动

（1）创意构思：独立产生与产品和市场紧密相连的创意，并将其转化为有吸引力的故事线。应用视觉元素来提升故事的表达力，包括构图、色彩、光影和运动等。

（2）软件操作实践：使用拍摄设备和编辑软件进行高质量视频制作，熟练掌握剪映专业版的功能和操作方法。编写符合视频叙事需求和节奏掌控的脚本，并将脚本内容转化为视觉化的故事板。

（3）团队协作：在团队中清晰准确地传达想法和反馈，协作完成项目。在需要时带领团队，展现出组织和协调能力，并对团队和个人的想法进行批判性分析。

（4）项目规划与执行：参与项目规划和管理，确保项目按时交付且满足质量要求。学习研究和利用最新技术、行业趋势和媒体资源，提升视频故事板内容的吸引力。对拍摄的视频内容进行自我评估，确保其符合既定目标和标准。

（5）反思与总结：完成项目后进行反思和总结，持续改进未来工作。

一、学习问题导入

假设你是一名视频制作人员，一家电子产品公司委托你制作一部推广摄像头产品的短视频。客户期望视频能够突出产品的专业性和实用性，同时预算有限，要求你在控制成本的基础上最大化视觉冲击力。你的任务是：

（1）进行市场研究，分析目标消费者的偏好，确保创意内容符合目标受众的期望和兴趣。针对该品牌摄像头的市场研究显示，消费者对监控设备的需求日益增长，倾向于选择多功能与安全的摄像头产品。这些用户群体不仅注重摄像头的基本监控功能，还特别关注产品在不同户外场景下的应用性能，例如防水、防尘、夜视能力以及电池续航等特性。此外，随着消费者对户内外装备需求的细分化，该品牌不断创新，推出了更多适合户内外场景的产品，如具备AI人形侦测、微光全彩、双向语音等功能的智能摄像头。通过这些产品，该品牌摄像头不仅满足了消费者对监控设备的基本需求，还提供了更加智能化、个性化的用户体验。

（2）提出与产品特性和目标市场紧密相连的创意点，并构建一个有吸引力的故事线。

（3）应用视觉元素如构图、色彩、环境和剧情等，增强故事表达，并使用拍摄设备和编辑软件进行高质量的视频制作。

（4）编写符合视频叙事需求的脚本，并将脚本内容转化为视觉化的故事板，包括关键镜头设计和时间线安排。

（5）在团队环境中协作，尊重不同角色的意见和工作，共同完成项目，并在需要时带领团队向目标前进。与摄影师、演员、剪辑师等密切合作，确保每个人都理解创意方向，共同为打造优质广告努力。

（6）对拍摄的视频内容进行自我评估，确保其符合既定目标和标准，并在项目完成后进行反思和总结，以便未来工作的持续改进。检查视频是否突出了摄像头的关键特性，视觉效果是否吸引人，故事是否流畅易懂，根据评估结果总结经验教训，为下次项目提供参考。

二、学习任务讲解

（一）分镜头制作

（1）创意理解：仔细研读摄像头广告剧本，理解故事的情节、角色和主题。确定广告的核心信息和情感诉求，为分镜头制作奠定基础。

（2）画面构思：根据剧本内容构思画面，考虑构图、角度、景别、色彩等因素，力求通过画面传达出广告的创意和情感。

（3）绘制故事板：使用绘画工具或软件，将构思好的画面绘制成分镜头（故事板）。每个分镜头应包括画面内容、景别、镜头运动方式、时间长度、台词等信息，以便拍摄团队能够清晰地理解拍摄要求。

（4）审核与修改：与团队成员一起审核故事板，听取意见和建议。根据审核结果，对故事板进行修改和完善，确保其符合广告创意和拍摄要求。

以下是该摄像头广告故事板制作要点。

1. 角色塑造

在该品牌摄像头广告故事板中，角色塑造应贴近日常生活，展现家庭成员的温馨互动。例如，一位细心的父亲通过摄像头观察孩子的成长，一位忙碌的白领远程与宠物互动，或一位老人通过摄像头与家人保持联系。角色形象要正面、亲切，体现该品牌亲民、温馨的特点，同时传递出智能科技带来的便捷与安心。角色塑造如图5-8所示。

图 5-8 角色塑造

2. 镜头设计

（1）景别运用丰富：景别的运用要多样化，以丰富叙事。开始用全景或中景展示家庭环境，建立拍摄背景；切换至近景或特写捕捉角色表情和情感细节，如孩子的微笑或宠物的可爱动作；适时使用微距或低角度拍摄，展示产品细节和操作界面。这样的景别变化不仅能吸引注意力，也能有效传达产品特点和使用体验。

（2）时长合理分配：每个镜头的时长控制在一定范围内，确保广告节奏紧凑、不拖沓。例如，开场 5 秒设定场景，主体展示 20 秒，产品特点展示 10 秒，用户互动 5 秒，情感高潮 10 秒，结尾呼吁 5 秒，总计 55 秒，确保节奏紧凑、信息传达清晰。

（3）画面内容精心设计。

画面内容设计应包含以下几个关键部分。

开篇场景（5 秒）：展示一个温馨的家庭环境，如客厅或儿童房，用全景镜头捕捉家庭成员的日常生活。

产品介绍（15 秒）：通过中景和特写镜头展示该品牌摄像头的外观设计和关键功能，如 AI 人形侦测和 360° 旋转云台。

功能演示（20 秒）：使用近景和特写镜头展示摄像头的高清画质和夜视功能，以及通过 APP 进行远程控制的场景。

使用情景（20 秒）：通过一系列快速切换的画面，展示不同家庭成员如何使用摄像头，包括父母远程照看孩子、监控宠物活动等。

情感连接（10 秒）：利用特写镜头捕捉家庭成员通过摄像头进行互动的温馨瞬间，如老人通过摄像头与孙子交流。

安全保障（5 秒）：展示该品牌摄像头的安全特性，如数据加密和隐私保护，增强用户信任感。

结尾呼吁（5 秒）：以醒目的 LOGO 和简洁的口号结束，如"该品牌智能摄像头，家的守护者"，并引导用户扫码下载 APP 体验。

通过这样的画面内容设计，广告故事板能够全面而生动地展现该品牌摄像头的特点和价值。

3. 台词与音效

（1）旁白简洁有力：广告中的旁白应该直接突出该品牌摄像头的核心卖点，如"高清视界，智慧守护"。语言要简洁明了，直击用户需求，同时有力地传达产品的价值和品牌理念。

（2）角色台词符合情境：角色台词要贴近生活，符合情境，如家长对孩子的温柔呼唤，老人和孙子的温馨交流，这些台词要自然、真实，能够引起观众的共鸣，增强广告的感染力。

（3）音乐/音效搭配恰当：音乐和音效是增强广告情感表达的重要元素。背景音乐要选择温馨或轻快的旋律，与家庭氛围相契合；音效则要与画面内容同步，如摄像头转动的声音、提示音等，以增强广告的现场感和沉浸感。音乐和音效的恰当使用能够使广告更加生动，更能打动人心。

（二）拍摄地点选择

拍摄地点的选择至关重要，以下是三个主要考虑因素。

（1）家庭环境：家庭是该品牌摄像头的主要使用场景之一，因此广告中应展示客厅、儿童房或老人房间等家庭环境，以展现产品在实际生活中的应用。

（2）户外场所：选择一些具有代表性和安全性的户外场所作为拍摄地点，可以展示产品的户外监控功能。

（3）特色场景：为了使广告更加吸引人，可以选择一些具有特色的场景，如书店、咖啡馆等，这些地点能够提供与众不同的背景，增加广告的创意和观赏性。

通过精心选择拍摄地点，该品牌摄像头广告能够更好地传达产品特点，同时吸引目标消费者的注意力，如图5-9所示。

图5-9 拍摄地点选择

（三）拍摄前期准备

1. 场地勘察

根据广告剧本的要求，寻找合适的拍摄场地。考虑场地的光线、背景等环境因素，确保场地能够满足拍摄需求。进行场地勘察时，要注意场地的安全性和可操作性，避免出现意外情况。

2. 演员选拔

根据广告剧本的角色要求，选拔合适的演员。考虑演员的形象、气质、表演能力等因素，确保演员能够胜任角色。进行演员选拔时，可以通过面试、试镜等方式，了解演员的实力和潜力。

3. 设备准备

根据拍摄需求，准备好所需的拍摄设备和道具，包括摄像机、镜头、三脚架、灯光设备、录音设备等。确保设备的性能良好，能够满足拍摄要求。同时，要准备一些备用设备，以防设备出现故障。

4. 拍摄计划制订

根据广告剧本和分镜头（故事板），制订详细的拍摄计划，包括拍摄时间、拍摄地点、拍摄顺序、演员安排、设备使用等。确保拍摄计划合理、可行，能够高效地完成拍摄任务，如图5-10所示。

图 5-10 拍摄计划制订

（1）分镜头脚本：根据广告剧本，制订详细的分镜头脚本，明确每个镜头的景别、画面内容、台词、音乐/音效等要求。分镜头脚本可以帮助拍摄团队更好地理解广告创意，提高拍摄效率和质量。

（2）拍摄时间表：制订拍摄时间表，合理安排拍摄时间和进度。考虑到天气变化和光线条件，选择在最佳的时间段进行拍摄。同时，要预留足够的时间进行设备调试、演员排练和突发情况的处理。

（3）备用方案：制订备用方案，以应对可能出现的天气变化、设备故障等突发情况。如果遇到恶劣天气，可以考虑在室内进行拍摄；如果设备出现故障，可以及时更换备用设备。

以下是该摄像头广告拍摄前期准备要点。

（1）拍摄设备。

准备高质量的拍摄设备，包括摄像机、镜头、三脚架、稳定器等。根据拍摄需求和场地条件，选择合适的设备组合，确保能够拍摄出清晰、稳定的高质量的画面。检查设备的性能和状态，确保设备在拍摄前处于良好的工作状态。准备足够的电池和存储卡，以避免拍摄过程中出现电量不足或存储空间不足的情况。

（2）道具。

准备摄像头主体、适配的支架或云台，确保包装完整、无损坏。可以准备多个不同规格的产品，以便在拍摄中展示不同的使用场景。根据剧本需求，准备家庭常见物品，如家具、宠物、儿童玩具，以及可能用于展示户外监控场景的庭院装饰或植被。

以上拍摄前期准备工作可以为该品牌摄像头广告的拍摄提供有力的保障，确保拍摄过程顺利进行，最终拍摄出高质量、有创意的广告作品。这将确保视频的最终质量，从而提高观众的观看体验。

（四）沟通与协调

（1）与各方沟通：与演员、拍摄团队、场地管理方等各方进行充分的沟通，确保大家对拍摄计划和要求有清晰的了解。及时解答各方的疑问，确保拍摄工作能够顺利进行。

（2）协调工作：协调各方的工作安排，确保拍摄过程中不会出现冲突和矛盾。例如，协调演员的时间安排，确保其能够按时到达拍摄场地；协调拍摄团队的设备运输和安装，确保设备能够及时到位。

三、学习任务小结

本次课专注于产品短视频的创意构思与故事板制作。学习了如何通过明确主题、情节、角色及互动，保持故事的逻辑性与连贯性。创意构思作为创作起点，涉及产品优势分析、市场研究、受众洞察、概念创建及评估选择。同时，学习了创意构思的具体方法，包括目标定位、内容策划、特点抽象、情感连接等。故事板制作方面，掌握了将文字描述故事情景化的技巧，并了解了关键要素如目标定位、核心信息传达、视觉风格选择等。本次课程提高了将创意转化为视觉故事的能力，增强了视频内容的吸引力和传播效果，为未来短视频制作工作奠定了基础。

四、课后作业

请根据以下内容完成短视频的创意构思和故事板制作。

（1）视频主题：某品牌耳机创意视频广告。

（2）目标受众：耳机的目标受众非常广泛，包括但不限于以下几类人群。

音乐爱好者：追求音质体验，需要不同类型的耳机以适配各种音乐风格。

专业人士：如音乐制作人、音频工程师等，需要高质量的音频设备进行专业工作。

游戏玩家：特别是电子竞技玩家，依赖耳机进行精准的声音定位，要求长时间佩戴的舒适性。

商务人士：需要耳机进行电话会议或在旅途中使用，重视通话质量和便携性。

运动爱好者：在锻炼时使用防水防汗的运动耳机，注重稳定性和佩戴舒适性。

上班族：在嘈杂环境中使用降噪耳机以隔绝外界噪声，享受个人空间。

科技产品爱好者：对采用最新技术和创新设计的耳机产品感兴趣，追求尖端技术体验。

学生群体：需要耳机进行学习和娱乐，关注性价比和功能性。

不同目标受众对耳机的需求各有侧重，从音质、设计、功能到价格，耳机制造商需要综合考虑这些因素以满足不同用户的需求。

可以选择以上的一个或者多个进行综合。

（3）核心信息：强调高清音质，佩戴舒适，智能降噪，无线便携，适合听音乐、游戏、运动和专业监听。

（4）视频风格：简洁时尚，充满活力，不仅展现了耳机的功能性特点，同时也提供了丰富的感官体验和情感共鸣，有效地吸引目标受众的注意力。

（5）结尾呼吁：强调品牌标识，行动号召简洁有力，如"加入音乐革命，立即体验"。

完成拍摄制作与作品交付验收

教学目标

（1）专业能力：掌握广告故事板的制作方法和技巧，包括画面构图、镜头运用、色彩搭配等。熟练运用摄影设备和后期制作软件，拍摄出高质量的广告视频，并进行有效的剪辑和特效处理。深入了解摄像头的产品特点和市场需求，能准确地传达产品的核心信息和品牌价值。

（2）社会能力：培养团队合作精神，能与不同专业背景的人员协作完成广告制作任务。提高沟通能力，能够与客户、演员、摄影师等各方进行有效的沟通和协调。增强市场营销意识，了解广告在产品推广中的作用，能够制定有效的广告策略。

（3）方法能力：培养创新思维，能提出独特的广告创意和故事板设计方案。提高问题解决能力，能在广告制作过程中及时发现和解决问题。强化自主学习能力，能不断学习和掌握新的广告制作技术和方法。

学习目标

（1）知识目标：了解广告故事板的基本概念、作用和制作流程。掌握摄影和后期制作的基本知识和技能，包括相机操作、光线运用、色彩调整、剪辑技巧等。熟悉摄像头的产品特点、市场定位和目标受众，了解广告创意和营销策略的相关知识。

（2）技能目标：能独立制作广告故事板，包括画面设计、镜头安排、台词撰写等。能熟练操作摄影设备，拍摄出符合广告要求的高质量视频素材。能运用后期制作软件对视频素材进行剪辑、调色、特效处理等，制作出完整的广告视频。能根据客户需求和反馈，对广告视频进行修改和完善，确保作品质量。

（3）素质目标：培养审美能力和创造力，能制作出具有艺术感和吸引力的广告作品。提高责任心和敬业精神，认真对待每一个广告制作环节，确保作品质量。增强团队合作意识和沟通能力，能与团队成员共同完成广告制作任务，实现团队目标。

教学建议

1. 教师活动

（1）理论讲解：教师进行广告故事板制作、摄影技术、后期制作软件使用等方面的理论讲解，通过案例分析、图片展示、视频演示等方式，让学生直观地了解相关知识和技能。邀请行业专家举办讲座，分享实际工作中的经验和技巧，拓宽学生的视野。

（2）小组讨论：将学生分成小组，针对特定的摄像头广告案例进行讨论，分析其故事板设计、拍摄手法、后期制作等方面的优点和不足，提出改进建议。

（3）引导学生讨论摄像头的目标受众、产品特点和广告策略，培养学生的市场分析能力和创新思维。

（4）实践操作：安排学生进行广告故事板制作的实践练习，让学生根据给定的摄像头产品信息和要求，独立完成故事板的设计和绘制。

（5）组织学生进行摄影实践，让学生在校园内或校外选择合适的场景，或者搭建场景，拍摄摄像头广告所需的视频素材。教师可以现场指导学生进行拍摄。

（6）安排学生进行后期制作实践，让学生使用专业的后期制作软件对拍摄的视频素材进行剪辑、调色、特效处理等，制作出完整的摄像头广告视频。

（7）作品展示与评价：组织学生进行作品展示，让每个小组展示自己制作的摄像头广告视频，并进行讲解和说明。邀请其他教师和行业专家对学生的作品进行评价，从故事板设计、拍摄质量、后期制作、创意表现等方面进行打分和点评，提出改进建议。组织学生进行互评，让学生互相观看作品，提出自己的意见和建议，促进学生之间的学习和交流。

2. 课外实践活动

（1）拍摄实践：通过课外实践活动，学生不仅能够提升自己的摄像技能和艺术创造力，还能够增进对视频制作全流程的理解，为将来可能从事的相关职业打下坚实的基础。鼓励学生进行拍摄实践，可以使用专业摄像机或手机进行拍摄，通过实践来提升视频拍摄与作品创作的能力。通过分享会或在线平台展示学生的短视频作品，进行互评和讨论，以提高学生的审美能力和批判性思维。安排学生到广告公司或影视制作公司进行参观学习，了解广告制作的流程和行业发展动态，拓宽学生的视野。

（2）竞赛活动：组织学生参加校内或校外的广告设计竞赛，以竞赛为契机，提高学生的学习积极性和创新能力。鼓励学生参与各类短视频创作竞赛，如"旅程"微视频大赛或 Hangzhoufeel 创意短视频征集活动，通过竞赛提升实战能力，争取荣誉和奖励。为学生提供竞赛指导和支持，帮助学生制订竞赛方案、准备参赛作品，提高学生的竞赛水平和获奖概率。

（3）项目实践：与企业合作，承接实际的摄像头广告制作项目，让学生在真实的项目环境中进行实践锻炼，提高学生的实际操作能力和职业素养。安排专业教师和企业导师对学生的项目实践进行指导和管理，确保项目的顺利进行和高质量完成。

一、学习问题导入

（1）假设你是一个短视频制作团队的一员，你的团队正在为某品牌摄像头制作推广视频。描述你将如何与团队成员合作，通过市场调研确定目标受众的偏好，并据此决定视频的主题和风格。

（2）设想你的团队被委托制作一个摄像头宣传短视频，展示其独特优势。说明你将如何选择合适的视频技术（例如剪辑、特效、音乐等）来强化视频的吸引力，并传达产品的独特魅力。

二、学习任务讲解

使用提供的摄影摄像设备、录音和灯光等器材，按照脚本进行分镜头拍摄和素材采集。后期使用剪映专业版或 Premiere 等软件进行视频剪辑、美化和音效处理，制作出符合新媒体平台用户浏览习惯的优质视频封面。短视频剪辑是一个系统化的过程，通常包括以下步骤。

（1）前期准备：确定视频主题和风格，制订故事板和剪辑计划。

（2）素材收集：从拍摄的视频中选择可用素材。收集音频、图片、图形和其他媒体素材。

（3）导入素材：将所有素材导入视频剪辑软件。

（4）素材整理：对素材进行分类和标记，方便查找和使用。

（5）粗剪：根据故事板和剪辑计划，初步剪辑视频，确定基本结构。

（6）剪辑细化：调整剪辑，优化转场和镜头切换。确保画面流畅、故事连贯。

（7）音频编辑：同步旁白和对话，调整音量。添加背景音乐和音效。

（8）色彩校正：调整视频的色彩平衡和曝光，确保视觉一致性。

（9）添加字幕和图形：根据需要添加字幕、标题和图形元素。

（10）特效和转场：应用特效和转场来增强视觉表现力。

（11）音频混音：进行音频混音，确保声音的清晰度和平衡。

（12）初步审阅：观看初步剪辑版本，评估整体效果。

（13）反馈和修改：根据反馈进行必要的修改和调整。

（14）最终审阅：完成所有修改后，进行最终审阅。

（15）输出和压缩：选择合适的格式和分辨率进行视频输出。使用压缩工具减少文件大小，适应不同的播放平台。

（16）备份：将最终版本备份到多个存储设备上。

（17）发布和分享：将视频上传到目标平台，如社交媒体、视频分享网站等。

（18）宣传和推广：通过各种渠道宣传视频，吸引观众。

（19）分析反馈：分析观众反馈和视频表现，为未来的项目提供参考。

（20）持续优化：根据分析结果，对视频进行持续优化和改进。

短视频剪辑是一个创造性和技术性相结合的过程，需要不断地实践和学习来提高剪辑技能。作为短视频制作团队的一员，为了更好地为该品牌摄像头制作推广视频，需采取以下步骤，与团队成员合作，通过市场调研确定目标受众的偏好，并决定视频的主题和风格。

明确团队成员的分工，有人负责收集市场调研数据，有人负责分析数据，有人负责创意构思，有人负责拍摄，有人负责后期制作等。确保每个环节都有专人负责，提高工作效率。

在市场调研方面，通过线上问卷调查、线下访谈等方式，了解目标受众对摄像头的需求和偏好，例如，询问消费者在选择摄像头时最看重的因素是什么。消费者最看重的因素通常包括图像质量（分辨率、色彩表现）、稳定性（是否有防抖功能）、视角范围（广角）、低光表现、连接兼容性（无线或有线）、价格以及用户评价。

收集到市场调研数据后，再进行深入分析。通过数据分析，可以了解目标受众的需求和偏好，为短视频主题和风格的确定提供依据。选择并确定视频的主题，比如"智慧之眼，守护每一刻""高清视界，触手可及""家的安全，尽在掌握""昼夜监控，清晰如一""智能守护，只为安心"。短视频也可以采用多样化的风格，以吸引不同的观众群体。

教育性风格：提供产品使用教程，展示如何安装、配置和使用该品牌摄像头。

情感化风格：通过家庭故事，展示摄像头如何帮助远在他乡的人与亲人保持联系。

幽默风格：用轻松诙谐的方式展示摄像头在日常生活中的用途。

科技感风格：突出该品牌摄像头的高科技特性，如 AI 识别、夜视功能等。

生活记录风格：记录家庭成员日常生活的温馨瞬间。

悬疑风格：创造小故事，展示摄像头如何帮助用户发现家中的"小秘密"。

时尚风格：展示该品牌摄像头的现代设计和家居装饰的搭配。

用户评价风格：展示真实用户的评价和使用体验，增加可信度。

快节奏风格：快速展示产品特点和优势，适合社交媒体上的短视频广告。

情景剧风格：通过情景剧形式，展示该品牌摄像头在不同生活场景下的应用。

数据驱动风格：用图表和数据展示该品牌摄像头的性能指标和市场地位。

创意动画风格：使用动画来解释产品功能，适合吸引年轻观众。

真实案例风格：展示该品牌摄像头在真实环境中的使用效果和用户反馈。

温馨家庭风格：强调家庭安全和亲情，展示摄像头如何增强家庭成员之间的联系。

户外探险风格：展示该品牌摄像头在户外环境中的应用，如旅行或运动时的记录。

通过采用不同的风格，该品牌摄像头的短视频可以覆盖广泛的受众，并展现产品多样化的应用场景和价值。在确定视频的主题和风格后，进行创意构思。根据主题和风格，设计出具体的故事情节和画面场景。

短视频的风格如图 5-11 所示。

图 5-11 短视频的风格

以下是该品牌摄像头视频广告的一个创意构思案例,包括故事情节和画面场景设计。

(1)视频主题:"智慧守护,家的温馨瞬间"。

(2)视频风格:温馨家庭风格与科技感相结合。

(3)故事情节与画面场景。

①开场——忙碌的早晨(画面场景:厨房)。

画面显示一位母亲在厨房忙碌地准备早餐,该品牌摄像头从角落以中景捕捉到这一温馨场景。

旁白:"家,是每个早晨的忙碌,也是每份温馨的开始。"

②过渡——孩子上学(画面场景:家门口)。

孩子背着书包出门,母亲通过摄像头的 APP 查看孩子是否安全出门。

画面:特写孩子挥手告别,母亲在手机屏幕上微笑。

③发展——宠物的趣事(画面场景:客厅)。

家中的宠物猫在客厅玩耍,摄像头捕捉到宠物的可爱瞬间。

画面:近景和特写镜头交替,展示宠物的活泼。

④高潮——远程关怀(画面场景:老人房间)。

母亲在外工作,通过摄像头与家中的老人进行双向语音通话。

画面:分屏效果,一边是母亲在办公室通过手机与老人通话,一边是老人在家中的回应。

⑤转折——安全警报(画面场景:家门口)。

摄像头检测到门口有人徘徊,自动发送警报到家庭成员的手机。

画面:摄像头视角显示门口,随后切换到家庭成员查看警报的画面。

⑥解决——虚惊一场(画面场景:家门口)。

原来是邻居来送快递,母亲通过摄像头与邻居交流,避免了误会。

画面:特写母亲在手机屏幕上的笑容,随后切换到邻居友好挥手。

⑦结尾——家庭团聚(画面场景:客厅)。

晚上,全家人在客厅团聚,共享天伦之乐,摄像头记录下这一温馨时刻。

画面:全景镜头,展示全家人在客厅的欢笑,摄像头在角落静静守护。

⑧尾声——行动号召(画面场景:家庭环境)。

旁白:"某品牌智能摄像头,智慧守护,记录家的每一个温馨瞬间。"

画面:LOGO 展示,同时出现"立即体验,智慧生活触手可及"的口号。

视频中应适时展示该品牌摄像头的高清画质、夜视功能、AI 人形侦测、双向语音通话等特性。音乐和音效要与画面和旁白相匹配,营造出温馨而安心的氛围。视频节奏要紧凑,确保信息传达清晰且具有吸引力。

在拍摄和后期制作阶段,严格按照创意构思进行。拍摄时,注意画面的构图、光线、色彩等因素,确保拍摄出高质量的画面。后期制作时,根据视频的主题和风格,选择合适的音乐、特效和剪辑方式,增强视频的吸引力和感染力。

最后,对制作完成的视频进行审核和修改。邀请目标受众观看视频,并听取意见和建议。根据反馈,对视频进行修改和完善,确保视频能够更好地满足目标受众的需求和偏好。

如果团队被委托制作一个摄像头宣传短视频，展示其独特优势，应采用合适的视频技术来强化视频的吸引力，并展现产品的独特魅力。

（一）剪辑

短视频的剪辑是一个创意和技术相结合的过程，以下是一些关键步骤和技巧。

（1）素材整理：从拍摄的视频中选择最佳镜头，包括不同角度和场景的素材。

（2）剪辑结构：确定视频的基本结构，如开头、发展、高潮、转折和结尾。

（3）故事叙述：使用剪辑来强化故事线，确保视频内容符合既定的主题和风格。

（4）转场效果：适当使用转场效果来连接不同的镜头，但应避免过度使用，以免分散观众注意力。

（5）画面调整：对画面进行色彩校正、亮度和对比度调整，确保画面质量。

（6）音效和配乐：添加背景音乐和必要的音效，增强视频的情感表达和观看体验。

（7）字幕和文字：在需要的地方添加字幕或文字，帮助传达信息或强调重点。

（8）特效应用：根据视频风格，适当使用慢动作、快进、倒放等特效。

（9）产品特写：确保该品牌摄像头的特点和功能在视频中有清晰的展示。

（10）节奏控制：根据视频内容和音乐节奏进行剪辑，确保视频流畅且引人入胜。

（11）审查和修改：剪辑完成后，进行多次审查，必要时进行修改，以达到最佳效果。

（12）导出和分享：选择合适的视频格式和分辨率进行导出，并在适当的平台分享。

（13）版权和隐私：确保使用的素材不侵犯版权，并且在公共场合拍摄时考虑到隐私问题。

通过精心剪辑，摄像头的宣传短视频可以更加生动地展示产品特点，同时吸引和保持观众的兴趣，如图5-12所示。

图 5-12 精心剪辑

（二）音乐

剪辑短视频时，音乐选择与匹配应与视频的主题和风格紧密相连。以下是一些基于不同主题和风格的音乐选择。

（1）家庭安全守护：选择温暖而令人安心的器乐，如轻柔的钢琴或弦乐，营造家的温馨与安全感。

（2）智能生活体验：使用具有现代感和科技感的电子音乐，突出智能家居的现代性和便捷性。

（3）夜间监控能力：选择带有神秘感或平静氛围的音乐，如慢节奏的轻音乐或环境音，以匹配夜间场景。

（4）AI智能识别：采用节奏明快、带有未来感的电子音乐，展示科技的先进。

（5）安装与使用教程：选择轻松愉快的背景音乐，使教学场景更加亲切。

（6）用户评价风格：使用真实或采访式的音乐，增强视频的真实感和可信度。

（7）快节奏风格：配合快节奏的剪辑，选择节奏快速、动感强烈的音乐。

（8）情景剧风格：根据剧情发展选择相应的背景音乐，如幽默、悬疑或感人时刻使用不同的音乐风格。

（9）数据驱动风格：选择简洁、清晰的音乐，辅助展示数据和图表，凸显专业性。

（10）创意动画风格：使用活泼有趣的音乐，与动画风格相匹配，吸引年轻观众。

（11）真实案例风格：选择贴近生活、能够引起共鸣的音乐，增强故事的情感深度。

（12）温馨家庭风格：使用柔和、温馨的音乐，强调家庭和睦与亲情。

（13）户外探险风格：选择宽广、自由的音乐风格，如民谣或旅行主题音乐，体现户外探险的精神。

选择音乐时还需考虑以下要点。

（1）版权问题：确保使用的音乐是免费的或者已经获得授权。

（2）情感共鸣：音乐应能够引发观众的情感共鸣，增强视频的感染力。

（3）节奏匹配：音乐的节奏应与视频内容和剪辑节奏相匹配。

（4）文化考量：音乐风格应符合目标受众的文化背景和喜好。

通过精心选择和匹配音乐，该品牌摄像头的宣传短视频将更加生动和吸引人，有效提升观看体验，如图5-13所示。

图 5-13 音乐制作

（三）旁白和字幕

短视频剪辑中，旁白和字幕是传达信息、增强情感表达和辅助叙事的重要工具。以下是旁白和字幕的一些相关知识。

1. 旁白

定义：旁白是视频制作中，非角色声音对视频内容进行解说或评论的语音。

功能：补充画面信息，提供额外细节；引导观众理解视频内容，增强叙事；表达情感，营造氛围。

风格：根据视频主题，选择适当的旁白风格，如正式、幽默、温馨等。

语速：旁白的语速应与视频节奏和情感氛围相匹配。

清晰度：旁白发音要清晰，确保观众能够理解每个词。

情感：旁白应富有情感，与视频内容的情感基调一致。

位置：根据需要，旁白可以出现在视频的任何部分。

2. 字幕

定义：字幕是显示在视频画面上的文字，用于传达对话或补充信息。

功能：帮助观众理解视频内容；强调关键对话或信息；在多语言环境中提供翻译。

设计：字幕字体、大小、颜色应与视频风格和画面相协调。

位置：字幕通常位于视频画面的下方，应避免遮挡重要视觉内容。

时间同步：字幕出现和消失的时间应与对话同步。

语言选择：根据目标受众，提供相应语言的字幕。

动态效果：适当使用字幕的淡入淡出或其他动态效果，但不要过于花哨。

结合使用：旁白和字幕可以结合使用，以增强信息的传达效果。在某些情况下，字幕可以作为旁白的补充，提供更详细的信息或解释。在剪辑过程中，确保旁白和字幕的内容、风格和节奏与视频整体协调一致。

旁白和字幕的技术要点如下。

使用专业的录音设备和音频编辑软件来录制和编辑旁白，保证音质。

使用视频编辑软件中的字幕工具或专业的字幕软件来创建和编辑字幕。

在最终输出前，检查旁白和字幕是否有同步问题或错别字问题。

精心设计旁白和字幕，可以提升短视频的专业度和观赏性，使其更加吸引目标受众。

最后，需要对制作完成的视频进行审核和修改，确保视频的质量和效果。再邀请一些目标受众观看视频，并听取意见和建议。根据反馈，对视频进行修改和完善，确保视频能够更好地展现产品的独特魅力，吸引更多的消费者。旁白与字幕设计如图 5-14 所示。

后期剪辑效果处理如图 5-15 所示。

图 5-14 旁白与字幕设计

图 5-15 后期剪辑效果处理

（四）检查、修改和确认

完成视频初版后，提交给教师或项目组长进行审核，根据反馈进行必要的调整和改进。确保视频内容准确反映该品牌摄像头的优势和产品特色，同时符合市场推广的需求。使用视频制作软件，参考手绘原始结构图制作短视频分镜头脚本，完成后交给教师或项目组长做视频内容审核。短视频的制作流程中，检查、修改和确认是确保最终视频质量符合预期的关键步骤。以下是详细的检查、修改和确认流程。

（1）脚本和故事板审核：确保脚本内容准确无误，故事板与脚本内容一致。

（2）粗剪审核：初步剪辑后，检查视频内容是否符合脚本和创意方向。

（3）画面质量检查：检查画面清晰度、色彩平衡、曝光等是否达到标准。

（4）音频质量检查：确保所有音频（对话、旁白、音乐、音效）清晰且与画面同步。

（5）剪辑技巧审核：检查转场、特效、字幕等是否自然流畅，能否增强视觉体验。

（6）信息准确性确认：确保视频中展示的产品信息、数据、品牌信息等准确无误。

（7）法律合规性检查：确保视频内容不侵犯版权、商标权，符合广告法等法律法规。

（8）文化和品牌形象审核：确保视频内容符合目标市场的文化习惯，不违背品牌形象。

（9）反馈征集：向团队成员、潜在客户或测试观众征集反馈。

（10）修改意见整合：收集所有反馈和修改意见，进行分类和优先级排序。

（11）修改实施：根据反馈进行必要的修改，可能涉及重新剪辑、补拍等。

（12）修改后审核：修改完成后，再次进行审核，确保问题得到解决。

（13）最终确认：所有团队成员和利益相关者对视频的最终版本进行确认。

（14）备份和版本控制：确保所有修改版本的视频都有备份，避免数据丢失。

（15）发布准备：准备视频发布的相关素材，如缩略图、描述文本等。

（16）发布审核：在视频发布前进行最后的审核，确保一切就绪。

（17）发布后的监控：发布后监控视频的表现，收集观众反馈，为未来的视频制作提供参考。

这一流程可以确保短视频在发布前经过严格的质量控制，满足预期的创意和品质要求，如图5-16所示。

图 5-16 短视频的检查、修改和确认

（五）新媒体平台发布

新媒体平台发布是一个涉及内容策划、制作、优化、发布及后续数据分析的复杂流程。以下是一些关键步骤和技巧。

（1）内容规划与调整：了解不同平台的特性，根据平台用户群体和内容偏好调整视频内容。保持内容主题统一，同时制作针对性的视频内容。

（2）视频制作与优化：确保视频画质清晰，选择合适的视频格式如MP4。根据不同平台要求调整视频时长，并运用剪辑技巧提高视频吸引力。

（3）发布策略与技巧：选择最佳发布时间以提高视频曝光率。利用平台标签提高搜索排名，并积极与观众互动以提高视频热度。

（4）团队协作与分工：建立短视频团队，明确分工，定期沟通，互相学习，提高短视频整体制作和运营水平。

（5）跨平台发布：使用多平台发布工具，如短视频一键发布多平台的技巧，提高工作效率。

（6）数据分析与反馈：关注视频数据，如播放量、点赞量、评论量等，了解视频表现，优化后续内容。

（7）维护多平台账户：保持账号活跃度，定期发布内容，与粉丝互动，持续增长粉丝基数。

（8）评论管理：制定评论管理规则，建立评论团队，引导优质评论，利用标签分类，制订回复模板，提高管理效率。

（9）短视频营销策略：制作精彩的故事情节，突出产品特点，引起情感共鸣，增加互动体验。

（10）内容发布流程优化：明确内容定位，精准把握热点，提升内容质量，优化发布流程，加强互动与传播。

通过上述步骤和技巧，可以有效地在新媒体平台发布短视频，提高内容的传播效果和用户参与度。

（六）分析反馈持续优化

短视频发布后的分析反馈是衡量视频表现和优化未来内容的关键步骤。以下是一些重要的分析反馈方法。

（1）播放量分析：监控视频的累计播放量以及分日和分小时的播放量变化，评估视频的传播效果和用户观看趋势。

（2）播放完成性：关注视频的播完量、播完率和平均播放进度，这些指标可以反映观众是否完整观看视频以及可能的跳出点。

（3）互动数据分析：分析评论、转发、收藏等互动数据，了解观众的参与度和对视频内容的反馈。

（4）关联指标分析：评估播荐率、评论率、点赞率、转发率、收藏率和加粉率等，这些指标可以反映视频的吸引力和传播力。

（5）用户行为分析：研究用户在视频中的停留时间、互动行为和转化率，以优化视频内容和提高用户黏性。

（6）内容优化：根据用户反馈和数据分析结果，调整视频内容、形式和发布策略，提升视频质量和用户满意度。

（7）效果评估：建立短视频营销效果评估体系，使用有效观看率、互动率、进店率和账号关注率等核心指标来衡量视频的营销价值。

（8）全网分发平台分析：利用短视频全网分发平台的数据，分析不同平台的播放量和用户反馈，优化跨平台的内容策略。

（9）数据驱动运营：使用数据分析工具来指导内容创作和发布，找到最佳发布时段以提高曝光量和播放量。

通过这些分析和反馈，可以更好地理解观众的需求和偏好，从而制定更有效的内容策略和优化方案。

三、学习任务小结

本次课我们学习了构建故事结构的重要性，包括起始、冲突、高潮和解决方案几个部分，确保视频内容能够吸引并保持观众的注意力；学习了如何根据视频目的和目标受众选择合适的风格。在角色开发方面，如何创造和发展角色，使故事增加视频的吸引力和情感深度，撰写简洁有力、符合角色性格的对白，使对话更加真实和有影响力。熟悉了脚本的标准格式和行业范本，提高了脚本的专业性和一致性。学习了剪辑、特效和声音设计的技术，这对于提升视频质量和观看体验至关重要。通过案例研究学习如何将创新元素融入脚本创作，以提升视频的创新性和独特性。

四、课后作业

（1）在平台中选择一个电子产品短视频，制作一份简短的观众调查问卷。

（2）在班级或小组中分享你的视频脚本，并收集同学们的反馈。

（3）根据收集到的反馈，修改你的脚本草案，并准备一个简短的口头陈述，解释你如何根据反馈进行修改。

（4）制作一个短视频发布后的分析反馈表。

项目六
后期制作与剪辑

学习任务一　剪辑理论基础与技巧
学习任务二　剪辑软件的使用指南
学习任务三　音频编辑与特效应用

剪辑理论基础与技巧

教学目标

（1）专业能力：掌握短视频剪辑的基础理论和方法，了解短视频剪辑的步骤。

（2）社会能力：理解短视频剪辑的意义，能熟练掌握短视频剪辑方法，了解并掌握短视频剪辑的基本步骤。

（3）方法能力：培养信息和资料收集能力，优秀短视频作品赏析能力，提炼及应用能力。

学习目标

（1）知识目标：能理解短视频剪辑的基本概念。

（2）技能目标：能掌握短视频剪辑的基本类型。

（3）素质目标：能大胆清晰表述优秀短视频剪辑的风格和人文精神。

教学建议

1. 教师活动

（1）教师通过收集和展示优秀短视频作品，并且分析其中的剪辑类型，提升学生的剪辑技能，激发学生对短视频剪辑的学习兴趣，锻炼学生的数字技能和动手能力。

（2）挑选优秀的短视频作品，讲解其背后的创作构思、剪辑手法和技巧，把优秀的创作构思和先进剪辑技术介绍给学生。积极与学生进行互动和交流，让学生学会独立思考。

2. 学生活动

（1）学生分组进行优秀短视频作品的收集和分析，小组派一名代表展示本组搜集的优秀短视频的创意方式和剪辑手法。

（2）教师对学生的小组结论进行评价，并指导学生对各个小组的结论进行投票，选出最优的一组。

一、学习问题导入

同学们,大家好!本次课讲解短视频剪辑的基础知识和技巧。生活中的一些热门事件或者节目可以通过短视频剪辑的方式得到快速传播,引起大量的关注和讨论;短视频剪辑也可以很好地展示创作者的才华和创意,不同的制作人可能通过不同的方式来呈现同一个主题,从而给观众带来不同的感受。专业视频剪辑工作站如图6-1所示。

随着字节跳动等网络公司的兴起,抖音、快手、西瓜视频等短视频平台的壮大,短视频剪辑成为当前流行的一种视频制作形式。

图 6-1 专业视频剪辑工作站

二、学习任务讲解

1. 短视频剪辑的概念

短视频剪辑是指通过对视频素材进行剪切、合并等操作,将原始素材处理成一段短小精悍、富有创意的视频作品。这种形式的视频制作方式,不仅能够满足人们对视觉娱乐的需求,也具有广泛的应用前景,同时能够对自媒体创作的主题进行升华,智能手机短视频剪辑软件如图6-2所示。

2. 短视频剪辑基础知识

1)视频格式与分辨率

短视频通常需要支持多种播放平台,了解常见的视频格式(如MP4、MOV)及分辨率(如720P、1080P、4K)对保证视频质量至关重要。不同平台对上传视频的格式和分辨率可能有特定要求,因此在进行剪辑前须先确认。

2)视频编码与帧率

图 6-2 智能手机短视频剪辑软件

视频编码决定了视频数据的压缩方式和质量,常见的编码格式有 H.264、H.265 等。帧率则影响视频的流畅度,一般短视频推荐使用 30 fps 或 60 fps,以保证画面平滑。

3)剪辑软件选择

市面上有许多适用于短视频剪辑的软件,如 Adobe Premiere Rush、Final Cut Premiereo X(Mac)、iMovie(Mac/iOS)、剪映(手机/PC)、快影(手机/PC)等。选择时需考虑软件的功能、易用性、学习成本及是否支持跨平台操作。

4)色彩理论与调色

了解基本的色彩理论,如色相、饱和度、亮度等,可以帮助我们在剪辑中更好地调整视频色彩,提升视觉效果。调色是提升视频质感的重要手段之一。短视频剪辑软件参数设置如图6-3所示。

3. 短视频剪辑的流程

短视频剪辑已成为当今社交媒体平台上的一种流行的制作个性化短视频的技术，人们可以通过剪辑将自己拍摄的短视频以一种有思维逻辑的形式进行展示。但是，如何制作出吸引人的短视频呢？

短视频剪辑软件素材运用如图6-4所示。

（1）先确定视频主题。无论是想拍一段有趣的日常生活，还是想展示个人的才华，主题都必须清晰明确。要确保你的视频主题能够吸引观众，并且能够在短时间内传达出来。

（2）收集素材。在确定主题之后，接下来就是收集素材。如果你想制作一部有趣的短视频，那么你需要收集一些有趣的场景和角色。收集素材时，最好使用高分辨率摄像机和高清录音设备，这样可以确保素材的质量。

图6-3 短视频剪辑软件参数设置

（3）剪辑视频。在收集完素材之后，接下来就是剪辑视频了。在剪辑视频时，最好使用一些专业的剪辑软件，这样可以更好地控制剪辑效果。在剪辑时，最好使用一些转场效果来连接不同的素材，这样可以使视频更加流畅。

（4）添加音乐。音乐是短视频剪辑中非常重要的一部分。在添加音乐时，最好选择一些与主题相符合的音乐，这样可以更好地增强视频的氛围。在选择音乐时，最好使用一些清晰的音乐，同时避免侵权问题。

图6-4 短视频剪辑软件素材运用

（5）分享视频。最后一步是分享视频，在分享时，最好选择一些流行的社交媒体平台，如抖音、快手等，这样可以让更多的人看到你的作品。

4. 短视频剪辑的基本步骤

1）素材整理与导入

将拍摄好的视频素材按照主题或场景进行分类整理，然后导入剪辑软件中。确保素材命名清晰，便于查找和管理。

2）初步剪辑（粗剪）

去除素材中不需要的部分，如镜头重复、曝光过度或模糊的片段。根据故事线或主题进行初步拼接，形成视频的基本框架。

3）精细剪辑（精剪）

在粗剪基础上，进行更细致的剪辑，包括调整镜头顺序、时长、添加转场效果等。确保视频节奏紧凑，情节连贯。

4）添加音频与字幕

根据视频内容选择合适的背景音乐、音效和配音。同时，添加必要的字幕以增强信息传达效果。注意音频与视频的同步。

5）色彩调整与特效

根据需要对视频进行色彩调整，使画面更加鲜明或符合特定风格。此外，可以添加适当的特效和滤镜来增强视觉吸引力。

6）导出与发布

设置合适的分辨率、帧率、码率等参数，导出视频文件。然后按照目标平台的规则上传并发布视频。

专业短视频剪辑软件界面如图 6-5 所示。

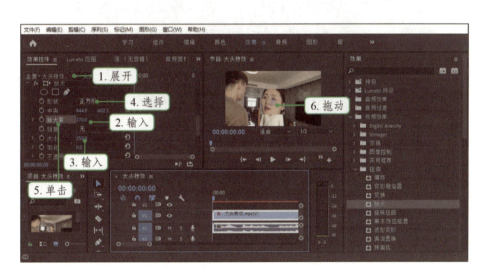

图 6-5 专业短视频剪辑软件界面

5. 短视频剪辑的注意事项

在短视频剪辑过程中，需要注意以下几个方面：首先，确定短视频的定位，分清短视频剪辑是应用于商业还是个人娱乐方面，确定制作的周期和预算；其次，在剪辑视频之前，需要先确定视频的表达目的，以便于更好地统筹视频剪辑；再次，要注意节奏和画面的流畅度，短视频时长通常较短，因此需要通过剪辑等手段来控制视频的节奏，以达到更好的观感效果；最后，要注意版权和法律问题，避免侵犯他人的合法权益。

6. 短视频剪辑的技巧

1）节奏感把握

视频的节奏感是吸引观众的关键。可通过剪辑控制镜头的切换和时长，营造出紧张、轻松等不同氛围。

2）剪辑点选择

选择合适的剪辑点可以使视频更加流畅自然。一般来说，动作的开始、结束或剧情高潮部分都是不错的剪辑点。

苹果系统短视频剪辑软件如图 6-6 所示。

3）转场效果运用

适当的转场效果可以增加视频的观赏性，但应注意避免过度使用，以免破坏视频的整体感。

图6-6 苹果系统短视频剪辑软件

4）色彩与光线统一

保持视频整体色彩和光线的统一性可以提升观众的观看体验。在剪辑过程中注意调整不同片段的色彩和光线以保持一致。

手机素材PC软件剪辑如图6-7所示。

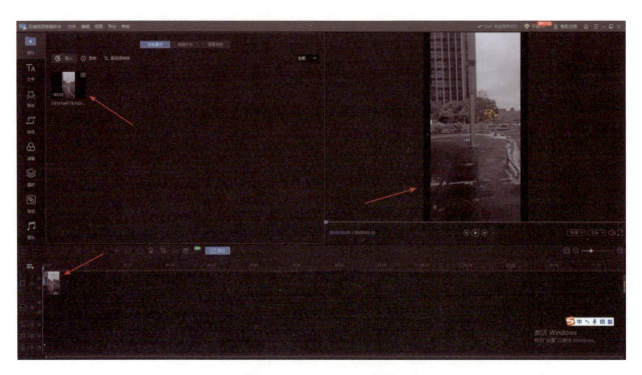

图6-7 手机素材PC软件剪辑

5）音乐与画面的匹配

音乐是视频的灵魂之一，选择与视频内容相匹配的音乐可以增强情感表达效果。在剪辑时需注意音乐与画面的同步和协调。

6）创意与个性

在遵循基本剪辑规则的同时，勇于尝试新的剪辑手法和创意元素，展现个人风格和特色。独特的剪辑方式往往能吸引更多观众的关注。

短视频剪辑软件中的转场如图 6-8 所示。

图 6-8 短视频剪辑软件中的转场

三、学习任务小结

通过本次课程的学习，同学们对短视频剪辑的基础知识和技巧有了基本认识，对新时期的自媒体终端剪辑有了新的理解。本次课的内容包含了短视频剪辑的概念和基础知识，短视频剪辑的流程、步骤、注意事项以及技巧。课后，同学们要搜集优秀的短视频作品，分析其创作主题的选择以及后期剪辑手法和剪辑技巧，全面提高自己的短视频剪辑能力。

四、课后作业

（1）赏析 5 部优秀短视频作品，并完成有关剪辑手法和技巧的 PPT 的制作，不少于 10 页。

（2）做一份短视频剪辑创作方案：限定手机剪辑软件（剪映、快影等），并在方案中注明不少于 2 种剪辑技巧，字数在 300 字左右。

剪辑软件的使用指南

教学目标

（1）专业能力：熟悉并掌握三款短视频剪辑软件，能使用三款剪辑软件进行基础的短视频剪辑并发布。

（2）社会能力：运用短视频剪辑软件进行短视频剪辑，能熟练掌握三款短视频剪辑软件的界面和基本操作，了解并掌握短视频剪辑的基本方法。

（3）方法能力：培养信息和资料收集能力，短视频作品剪辑操作能力，提炼及应用能力。

学习目标

（1）知识目标：能认识三款短视频剪辑软件。

（2）技能目标：能掌握三款短视频剪辑软件的操作方法。

（3）素质目标：能运用短视频剪辑软件制作风格化的短视频。

教学建议

1. 教师活动

（1）教师通过演示三款不同的短视频剪辑软件的操作方法，介绍其中的操作面板和工具，提升学生操作软件的技能，激发学生对短视频剪辑软件的学习兴趣，锻炼学生的数字技能和动手能力。

（2）讲解短视频剪辑所运用的工具、转场、特效等，把优秀的操作技巧和先进的剪辑理念介绍给学生。积极与学生进行互动和交流，让学生学会独立思考。

2. 学生活动

（1）学生分组运用不同剪辑软件进行短视频剪辑练习，小组派一名代表展示并分析本组完成的优秀短视频剪辑作品。

（2）教师对学生小组作品进行评价，并指导学生对各个小组的作品进行投票，选出最优的一组。

一、学习问题导入

同学们,大家好!本次课主要讲解三款常见的用于短视频后期制作的剪辑软件:Adobe Premiere、剪映、Videoleap。其中 Adobe Premiere 是专业视频剪辑软件,台式电脑和笔记本电脑使用较多,目前这款软件被广泛应用于广告制作和电视节目制作中;剪映是抖音平台推出的一款视频编辑 APP,凭借其全面的剪辑功能和丰富的素材资源,迅速获得了大众的喜爱;Videoleap 是由 Lightricks 创建的一款功能强大且富有创意的视频编辑 APP,通过添加特效,能将普通视频转化为令人惊叹的视觉杰作。三种软件如图 6-9 所示。

图 6-9 常用的三种短视频剪辑软件:Premiere、剪映、Videoleap

当然,还有许多视频剪辑软件和后期特效软件,如快影、必剪、AE、达芬奇、Vegas 等,它们都拥有一大批忠实用户,都有各自的优点,同学们可以在课后搜索并下载使用。

二、学习任务讲解

(一)专业短视频剪辑软件——Adobe Premiere 使用指南

Adobe Premiere 是 Adobe 公司的一款视频剪辑产品。Adobe Premiere 提供了视频采集、非线性剪辑、视频调色、音频编辑、字幕添加、输出等一整套流程,并和 Adobe 公司的其他软件产品兼容,如 Photoshop、After Effects 等软件,能够实时使用其工程文件,Photoshop 图层、AE 的特效文件均可以实时导入 Adobe Premiere 中。Premiere 软件及界面如图 6-10 所示。

图 6-10 Premiere 软件及界面

1. 新建项目与设置

(1)打开 Premiere Pro CC,点击"新建项目"按钮;

(2)在弹出的对话框中,命名项目,选择项目保存的位置,并根据需要设置其他选项,如"采集格式"和"渲染程序";

(3)点击"确定"创建项目;

（4）在项目面板中，可以调整项目设置，如序列设置（决定视频的分辨率、帧率和场序）；

（5）右键点击项目面板空白处，选择"新建项"→"序列"，或直接从"文件"菜单选择"新建"→"序列"；

（6）在"序列设置"中，根据需求选择合适的预设或自定义设置。

Premiere 新建项目与设置如图 6-11 所示。

图 6-11 Premiere 新建项目与设置

2. 素材导入与管理

（1）点击"文件"菜单，选择"导入"（或使用快捷键 Ctrl+L/Cmd+L），选择要导入的媒体文件（Premiere 支持多种格式的视频、音频和图片文件）；

（2）导入的素材将自动显示在"项目"面板中，可以通过拖放来组织它们；

（3）利用"项目"面板的搜索功能快速找到特定素材；

（4）使用标签和颜色编码为素材分类，提高管理效率。

Premiere 素材导入与管理如图 6-12 所示。

图 6-12 Premiere 素材导入与管理

3. 视频剪辑基础

（1）将素材从"项目"面板拖到"时间线"面板的相应序列上；

（2）使用"选择工具"（V键）或"剃刀工具"（C键）进行剪辑，如切割、移动和调整素材位置；

（3）为视频或音频添加效果时，可以利用关键帧创建动画效果；

（4）选中效果控件中的参数，点击"添加/删除关键帧"按钮，调整时间线上的位置并改变参数值，以创建动画。

视频剪辑基础如图6-13所示。

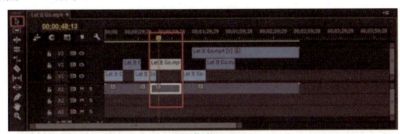

图6-13 视频剪辑基础

4. 序列与轨道编辑

（1）"时间线"面板是编辑视频的主要场所，可以添加、删除和重新排列序列中的素材；

（2）利用嵌套序列功能，可以将多个素材组合成一个整体进行编辑；

（3）Premiere支持多轨道编辑，包括视频轨道、音频轨道等；

（4）通过锁定/解锁轨道、调整轨道高度和显示设置，可以优化编辑环境；

（5）使用轨道上的"启用/禁用"按钮可以快速开关特定轨道的显示和输出。

序列与轨道编辑如图6-14所示。

图6-14 序列与轨道编辑

5. 过渡效果与转场

（1）切换到"效果"面板，浏览并选择适合的过渡效果；

（2）将效果拖放到"时间线"面板中两个素材之间的交界处；

（3）调整过渡效果的时长和参数以达到理想效果；

（4）尝试不同的过渡效果，如溶解、淡入淡出、滑动等，找到最适合视频风格的转场方式；

（5）利用关键帧和动画效果创建更复杂的转场效果。

过渡效果与转场如图 6-15 所示。

图 6-15 过渡效果与转场

6. 字幕与图形制作

（1）使用"文件"菜单中的"新建"→"字幕"命令创建新字幕；

（2）在字幕编辑器中设计字幕样式、文本和位置，并设置动画效果；

（3）将字幕拖放到"时间线"面板的相应位置；

（4）利用 Premiere 的基本图形工具创建简单的图形元素，如形状、线条和文本，或从"基本图形"面板中选择预设的图形模板进行修改和应用。

字幕创建如图 6-16 所示。

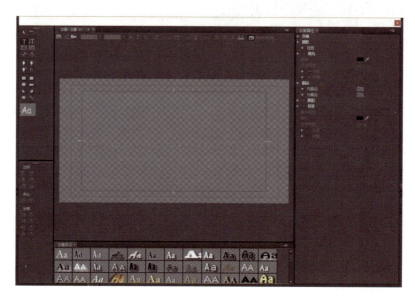

图 6-16 字幕创建

7. 视频导出

（1）完成编辑后，点击"文件"菜单中的"导出"→"媒体"（或使用快捷键 Ctrl+M/Cmd+M）；

（2）在"导出设置"对话框中，选择合适的输出格式、分辨率、帧率和编码设置；

（3）根据需要调整音频和视频的比特率、关键帧间隔等参数。

视频导出如图 6-17 所示。

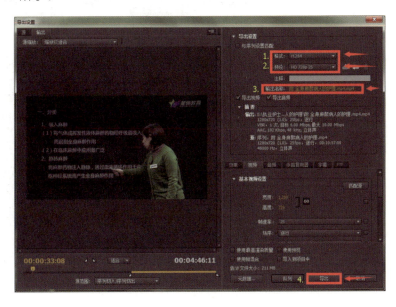

图 6-17 视频导出

（二）流行手机短视频剪辑软件——剪映使用指南

剪映是抖音官方推出的视频编辑工具，自 2019 年 5 月在移动端上线以来，经过几年的发展，现已经支持电脑端 Windows 系统、手机端 Android（安卓）系统和 iOS（苹果）系统，这种跨平台的设计使得用户可以在不同设备上无缝切换，随时随地进行视频创作。

1. 导入素材和整理时间线

（1）打开剪映软件，点击"新建项目"创建一个新的项目；

（2）点击右下角的"导入"按钮或"素材库"按钮，选择需要导入的素材文件；

（3）选中需要导入的素材文件后，点击"打开"按钮，剪映会自动将素材导入项目中。

素材导入如图 6-18 所示。

2. 视频剪辑

（1）切割：快速自由分割视频，一键剪切视频。

（2）变速：支持 0.2～4 倍速播放，节奏快慢自由掌控。

（3）倒放：时间倒流，感受不一样的视频效果。

（4）画布：多种比例和颜色随心切换，满足不同的视频展示需求。

（5）转场：支持交叉互溶、闪黑、擦除等多种转场效果，让视频更加流畅自然。

视频剪辑如图 6-19 所示。

3. 特效与滤镜

（1）提供多种风格的滤镜，让视频不再单调，一键轻松"美颜"。

（2）独家设计手绘贴纸，满足用户个性化需求。

（3）多种风格字体可供选择，用于制作字幕和标题。

剪辑特效如图6-20所示。

4. 字幕制作

（1）提供多种字幕类型，包括静态字幕、动态字幕、手写字幕等。

（2）在时间线中选择需要添加字幕的视频片段，点击"文字"按钮，在弹出的字幕编辑框中输入文字内容，并调整字幕位置、大小和颜色等属性。

（3）提供丰富的字幕样式，包括字体、颜色、描边、阴影等，还支持自定义字幕样式，创建个性化字幕效果。

（4）通过添加动态效果，可以让字幕更加生动有趣。剪映提供多种动态效果，可选择合适的效果并调整参数，实现理想的动态字幕效果。

字幕制作如图6-21所示。

5. 特效库及常用特效介绍

（1）提供多种类型的特效，包含转场、滤镜、贴纸等。

（2）转场特效：视频片段之间的过渡，例如溶解、擦除等效果，实现平滑自然的转场。

（3）滤镜特效：调整视频色调和风格，例如复古、电影感等滤镜，增强视频氛围。

（4）贴纸特效：装饰视频画面，例如使用动态贴纸和自定义贴纸来增加视频趣味性。

特效如图6-22所示。

6. 智能与辅助工具

（1）智能字幕：支持AI识别字幕，可一键添加字幕，节省用户手动输入时间。

图6-18 剪映素材导入

图6-19 剪映视频剪辑

图6-20 剪映剪辑特效

图6-21 剪映字幕制作

（2）曲线变速：通过曲线变速功能，可以实现更加精细的变速效果，提升视频节奏感。

（3）视频防抖：提供视频防抖功能，确保拍摄的视频画面更加稳定。

剪映 AI 如图 6-23 所示。

7. 视频导出

（1）视频制作完成后，点击右上角"导出"按钮；

（2）根据需求选择合适的视频分辨率、码率、帧率等输出参数；

（3）在导出前预览最终的视频成品，确保剪辑效果和输出质量符合预期；

（4）注意视频大小和格式限制，利用平台内置分享功能。

视频导出如图 6-24 所示。

图 6-22 剪映特效　　图 6-23 剪映 AI　　图 6-24 视频导出

（三）国际化短视频剪辑软件——Videoleap 使用指南

Videoleap 支持多种设备和操作系统，并提供多语言界面，方便全球用户使用；对于经验丰富的电影制作人来说，Videoleap 的独家音效、贴纸、字体和素材等资源将为他们的视频增添更多个性和吸引力。Videoleap 还有丰富的特效和滤镜，帮助他们创作出专业级的视频作品。Videoleap 界面如图 6-25 所示。

（1）Videoleap 提供了一套全面的编辑工具，包括剪裁、拆分、复制、翻转、镜面、转换等编辑功能，以及亮度、对比度、饱和度等颜色校正

图 6-25 Videoleap 界面

工具。这些功能和工具使得视频编辑更加轻松、快速和直观。Videoleap 编辑如图 6-26 所示。

（2）软件内置多种独特、可调节的滤镜，适用于各种场合。此外，Videoleap 还定期更新特效库，让用户能够使用最新的、令人惊艳的特效，如图 6-27 所示。

（3）用户可以在视频中添加各种字体、表情符号、阴影、颜色、不透明度以及混合效果的文本，为视频内容增添更多个性化元素。Videoleap 文本制作如图 6-28 所示。

（4）Videoleap 支持将视频、图像和效果混合在一起，打造双重曝光和艺术外观。用户可以通过使用转换、屏蔽和混合模式自定义图层，实现更多创意效果。

（5）Videoleap 可以为视频片段添加流畅、电影风格般的过渡效果，使视频整体更加连贯和专业，如图 6-29 所示。

 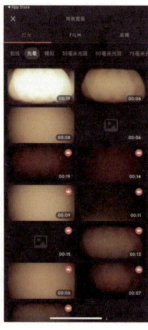  

图 6-26 Videoleap 编辑　　图 6-27 Videoleap 特效　图 6-28 Videoleap 文本制作　图 6-29 Videoleap 转场

（6）通过关键帧动画功能，用户可以轻松地为视频中的元素添加动态效果，如缩放、旋转和移动等。

（7）Videoleap 采用非破坏性编辑方式，用户可以随时撤销或重新操作，而无须担心对原始素材造成损坏。

（8）软件具有直观且可缩放的时间线功能，用户可以在时间线上精确到每一帧地进行编辑。

Videoleap 导出如图 6-30 所示。

三、学习任务小结

通过本次课程的学习，同学们对三款短视频剪辑软件有了基本认识，对 Adobe Premiere、剪映、Videoleap 三款软件的使用和特点有了深入的理解，为后面使用软件工具打下了坚实的基础。同学们可以对这三款软件都进行下载和使用，选择一款自己最感兴趣的软件深入使用，提升自己使用软件工具的能力。

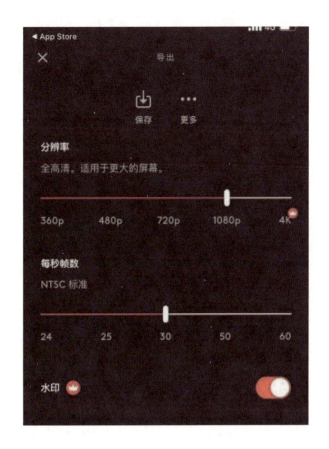

图 6-30 Videoleap 导出

四、课后作业

(1) 按小组下载并使用三款短视频剪辑软件,选择其中的一种分享其使用心得。
(2) 选择其中一款软件,剪辑一段 20 秒的短视频,视频中包含转场、特效、文字的运用。

学习任务三 音频编辑与特效应用

教学目标

（1）专业能力：熟悉并掌握两款常见的音频编辑软件，能使用这两款音频编辑软件进行基础的音频编辑并发布。

（2）社会能力：运用音频编辑软件对音频进行编辑，能熟练掌握常见的两款音频编辑软件的界面和基本操作，了解并掌握音频特效的应用。

（3）方法能力：培养信息和资料收集能力，音频作品编辑和特效应用能力，提炼及应用能力。

学习目标

（1）知识目标：能认识两款常见的音频编辑软件。

（2）技能目标：能掌握两款常见的音频编辑软件的操作方法。

（3）素质目标：能运用音频编辑软件制作与短视频风格相似的音频作品。

教学建议

1. 教师活动

（1）教师通过演示两款不同的音频编辑软件的操作方法，介绍其中的操作面板和工具，提升学生的软件操作能力，激发学生对音频编辑软件的学习兴趣，锻炼学生的数字技能和动手能力。

（2）以短视频作品为例，讲解编辑其音频所运用的剪切、降噪、特效等，把优秀的操作技巧和先进的编辑理念介绍给学生。积极与学生进行互动和交流，让学生学会独立思考。

2. 学生活动

（1）学生分组运用不同音频编辑软件进行音频编辑练习，小组派一名代表展示并分析本组完成的优秀音频编辑作品。

（2）教师对学生小组作品进行评价，并指导学生对各个小组的作品进行投票，选出最优的一组。

一、学习问题导入

同学们,大家好!本次课主要讲解两款常见的音频编辑软件:Adobe Audition、AE。其中 Adobe Audition 是专业音频编辑软件,台式电脑和笔记本电脑使用较多,目前这款软件被广泛应用于广播设备和后期制作中;AE 音频编辑器是一款新兴手机音乐编辑处理软件,也是一款多声道音频编辑器,简单明了的界面、强大的编辑功能使它从众多音频编辑器中脱颖而出。两款音频编辑软件如图 6-31 所示。

图 6-31 Adobe Audition、AE

当然,还有许多音频编辑软件和后期特效软件,如迅捷、闪电、格式工厂、魔音工坊、GoldWave 等,它们都拥有一大批忠实用户,都有各自的优点,同学们可以在课后搜索并下载使用。

二、学习任务讲解

(一)强大的音频编辑软件——Adobe Audition 使用指南

Adobe Audition 是由 Adobe 公司开发的一个专业音频编辑软件,简称 Au,提供音频混合、编辑、控制和效果处理功能,最多可混合 128 个声道,可编辑单个音频文件,也可以进行多音轨编辑,并能对混音和音色进行非线性编辑。Adobe Audition 是一个完善的综合性音频非线性编辑软件,提供灵活的工作流程和使用简便的操作界面,如图 6-32 所示。

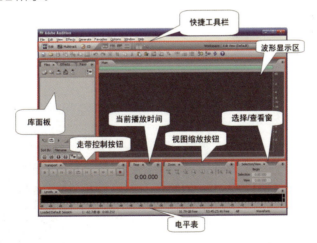

图 6-32 Adobe Audition 软件及界面

1. 启动与界面介绍

(1)启动:打开 Adobe Audition 软件,即可开始使用。

(2)界面介绍:Adobe Audition 界面主要由标题栏、菜单栏、工具栏、音频编辑区、浮动面板等组成。

2. 文件操作

(1)新建文件:点击菜单栏"文件"→"新建"→"音频文件",即可创建音频文件。

(2)打开文件:点击菜单栏"文件"→"打开",选择要编辑的音频文件,即可打开。

(3)保存文件：音频文件有多种保存格式可选，如 WAV、MP3 等。

文件操作如图 6-33 所示。

图 6-33 Adobe Audition 文件操作

3. 音频编辑

(1)剪辑：使用工具栏中的剪辑工具可以对音频进行裁剪、分割等操作。

(2)混音：可以使用混音器对多个音频进行混合，实现多种音乐元素的叠加。

(3)音效：使用效果器插件可以为音频添加各种音效，如回声、淡入淡出等。

音频编辑如图 6-34 所示。

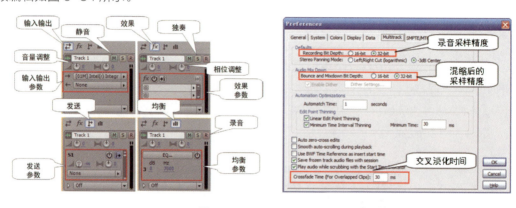

图 6-34 Adobe Audition 音频编辑

4. 操作界面

(1)波形显示窗：显示音频文件中的波形，便于观察音频内容。

(2)频谱显示窗：显示音频文件的频谱信息，便于分析音频质量。

(3)工具栏：包含多种音频编辑工具，如裁剪、静音、速度/时间伸缩等。

(4)浮动面板：包含多种功能面板，如效果器插件面板、混响面板等，可方便地进行各种操作。

操作界面如图 6-35 所示。

5. 基本编辑

(1)拼接音频：使用"连接"和"断开"

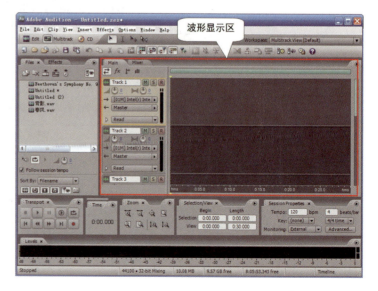

图 6-35 Adobe Audition 操作界面

功能将两个音频片段拼接在一起。

（2）复制/粘贴：使用快捷键 Ctrl+C 复制，Ctrl+V 粘贴，来实现多个音频的快速操作。

（3）音量调整：可以使用增益功能来调整音频的音量大小。

声音波形如图 6-36 所示。

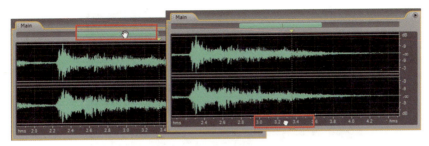

图 6-36 Adobe Audition 声音波形

6. 高级编辑

（1）自动化：使用自动化功能可以在音频文件中添加标记点，以方便后期编辑和检索。

（2）降噪：可以使用降噪功能去除音频文件中的噪声，提高音频质量。

（3）消除回声：使用回声去除功能可以消除音频文件中的回声。

（4）拼接素材库：将不同素材库中的音频片段进行拼接，实现多种声音元素的叠加。

混音台如图 6-37 所示。

图 6-37 Adobe Audition 混音台

7. 输出与导出

（1）导出音频：完成编辑后，可以选择多种格式进行导出，如 WAV、MP3 等。

（2）保存预设：可以将常用的设置保存为预设，方便以后快速调用。

（3）导出设置：可以将编辑过程中的设置导出为模板，以便在其他文件中使用。

保存如图 6-38 所示。

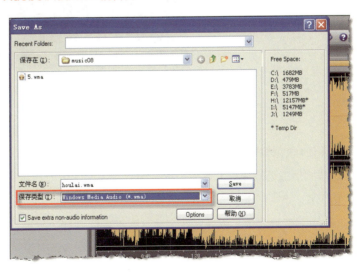

图 6-38 Adobe Audition 保存

（二）新兴音频编辑 APP——AE

（1）初学者指南：只需要花 5 分钟看一下程序给出的指南和教程，就可以轻松入门。AE 将在未来增加更多的教程，包括视频教学，如图 6-39 所示。AE 的应用场景丰富，可以用在大多数场合，让用户的选择更容易。

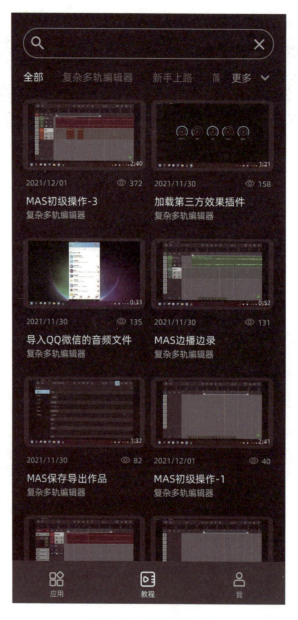

图 6-39 AE 视频教程

（2）录音编辑：可以切割、分割和提取碎片，对录音进行修剪和拼接，实时修改音量和调整音频混响效果，更改音频播放的速度，从歌曲中提取伴奏和人声，进行音频文件格式转换，还可以从视频中提取音频，保存长音频段等。AE 单轨编辑如图 6-40 所示。

（3）基础编辑：软件支持多种不同声道的增加和剪辑，可轻松地编辑用户的录音文件和其他音频文件；可导入本地音频文件，也可直接录音获得音频；能对音频进行非线性编辑，通过滑动时间轴上的黄色滑块，快速确立分段位置，进行分段剪辑；具备功能强大的综合剪辑能力，可同时运行多个音频，可调节音频播放速度，还可以进行倒放，指定音频的左右声道，增加混响效果等。AE 多轨编辑如图 6-41 所示。

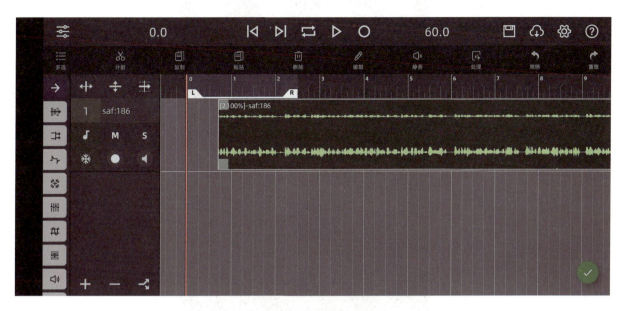

图 6-40 AE 单轨编辑

图 6-41 AE 多轨编辑

（4）保存发布：支持常见的流行音频文件格式，可导出 MP3、M4A、AAC、WAC、FLAC、AMR、WMA 等音频格式，在发布时可以为 MP3 文件设置封面并添加作者信息等，让用户感受到软件带来的智能化体验。AE 音频编辑界面如图 6-42 所示。

图 6-42 AE 音频编辑界面

三、学习任务小结

通过本次课程的学习，同学们对两款音频编辑软件有了基本认识，对 Adobe Audition、AE 两款软件的使用和特点有了深入的理解。同学们可以在课后选择一款适合自己的软件进行下载，并进行编辑操作，提升自己的数字技能。

四、课后作业

（1）按小组下载并使用两款音频编辑软件，选择其中的一种分享使用心得。

（2）选择其中一款软件，为上一节课所制作的短视频进行配音，包含混音、旁白、背景音乐等的运用。

项目七
短视频营销与传播

学习任务一　短视频营销策略
学习任务二　短视频平台与算法解析
学习任务三　内容分发优化与推广策略
学习任务四　用户互动与社区管理
学习任务五　数据分析与效果评估

短视频营销策略

教学目标

（1）专业能力：了解短视频营销的概念和几种常用的营销策略。

（2）社会能力：培养学生的营销思维、商业头脑，强化其自立意识、就业观念。

（3）方法能力：学生能够按照逻辑思维进行分析理解、概况总结和技能应用。

学习目标

（1）知识目标：掌握短视频营销的概念，区分几种常用的营销策略的差异。

（2）技能目标：能够运用几种常用的营销策略进行短视频商业活动。

（3）素质目标：正确看待与认识短视频营销，能进行营销策略的应用，并逐步实现盈利，从而提升成就感和对短视频行业的热爱。

教学建议

1. 教师活动

讲解短视频营销的概念、策略分类，并结合实际案例进行分析。引导学生进行讨论和交流，激发学生的学习兴趣。

2. 学生活动

认真聆听教师讲解，积极参与讨论和交流。利用课余时间自主尝试短视频的营销，并关注著名营销号的动态。

一、学习问题导入

随着短视频的兴起和火爆，短视频营销逐渐成为商家重要的营销手段之一。那么，什么是短视频营销呢？短视频营销是指在各个短视频平台上，通过有趣、"有料"的形式和内容，发布有关商品或服务的视频，向用户展示商品或服务，从而挖掘潜在的消费者、提高品牌知名度和销售额的行为。短视频营销可以给我们带来实实在在的收益，可以说，它是短视频制作与传播的一个目的和归宿，也是就业的一个落脚点。

二、学习任务讲解

下面根据账号起号时间的长短，依次讲述几种常用的营销策略。

（一）定位清晰有规划

无论是抖音、快手、微信视频号，还是西瓜、哔哩哔哩，账号在运营之前和运营过程中，都要有一个明确清晰的定位和规划。内容为王，提前布局，先做好垂直领域的内容，为以后的短视频营销做准备，如图7-1所示。

打个比方，假如账号是做美食方面的，那你拍的视频就一定要和美食或者餐饮有关，账号内容不要太分散、太随意，要有的放矢、持之以恒。这样，该账号才会有垂直度，才能精准吸引粉丝，从而吸引大批喜欢美食的用户关注。一般情况下，账号应做到一定规模再进行营销，尽量不要刚起号或者养号时间较短的情况下，就带货卖货。遵循本策略，营销的转化率才高、掉粉率才低。

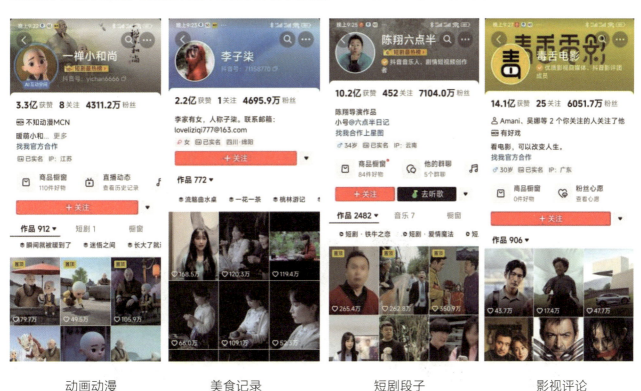

图7-1 抖音几个大号的内容定位

（二）创意商品直接秀

这种营销策略比较适合那些本身就很有创意或者功能新颖的商品，例如新颖独特的玩具、创意生活用品等。这些商品的营销没有必要绕太多弯子，可通过描述等形式，直接用短视频展示商品，不用太担心"掉粉"问题。因为这些商品本身就能让人心情放松，如果再具有话题性、时尚性，那么，就会引来大量的互动和流量，实现较好的营销效果。比如"铝合金八卦指尖陀螺"这款玩具，发布在快手上的10秒的玩法短视频不但带来了不错的互动数据,而且产生了不低的商品成交数量,如图7-2所示。

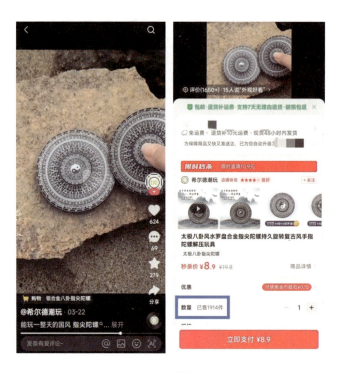

图7-2 创意商品

这种营销策略因为起号短、见效快,适合一些专门的电商商家账号,下面展开做详细介绍。

1. 玩具

玩具具有娱乐性、时尚性、多样性、创意性、观赏性,在快节奏的社会,不仅受到青少年的欢迎,甚至一些成年人也乐在其中。比如,最近"库洛米"突然火了。"库洛米"符合年轻人心目中的理想自我形象——个性立体、感情丰富、敢爱敢恨、勇敢无畏,对自己的弱点毫不掩饰。与此同时,盲盒也以其神秘感和期待感,被用户大量购买,每一次打开都是一种全新的体验。兼具以上两种爆款属性的"库洛米盲盒"更是成为网红产品,成为很多短视频的营销对象。此外还有弹弓发光飞箭、魔力飞转陀螺等玩具,也受到青少年群体的追捧,如图7-3所示。

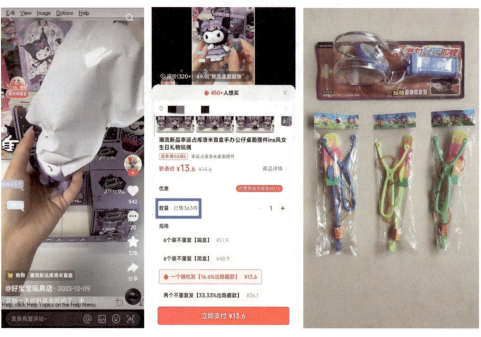

图7-3 玩具营销

2. 创意生活用品

创意生活用品以其实用性、创意性、便捷性、环保性，成为居家群体的最爱，特别是中年用户，他们既有需要也有能力大量从网上购买此类商品，还会送给有需要而没有网购技能的老年长辈。例如被称为"死角清洁神器"的清洁软胶、手机壳和自拍杆融为一体的"拍照神器"、能修补车漆的迷你喷罐，如图 7-4 所示。

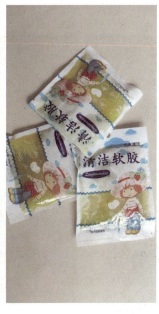

图 7-4 创意生活用品营销

（三）普通商品夸特征

对于那些没有太多创意性的商品，怎么办呢？可以就其一个或者几个独有的特征，用夸张、数据说明、比喻、比较等方式反复强调，给受众人群以深刻印象。例如图 7-5 所示的这款刺梨，主打维生素 C 含量高，吸引用户购买。

这是营销中比较"简单粗暴"的策略，相对来说，容易"掉粉"和被抵触。一般放到"小黄车"等专门的电商营销板块，展示给那些以购买商品为目的的用户。

图 7-5 刺梨营销

（四）场景体验增兴味

俗话说"百闻不如一见"，很多消费者容易被商品短视频所营造的现场氛围所感染，被商品的实用效果所吸引。所以很多短视频中，使人物在特定的场景里有滋有味地体验商品，增强观看者的兴味，激起他们的购买欲望。这种营销策略能给用户带来代入感、沉浸感和满足感，让用户提前感受到商品优越性，从心理上了解商品、接受商品、认定商品、购买商品，如图7-6所示。

图7-6 场景体验

（五）广告植入嵌其中

在广告植入中，商品植入是最常见的。商家主要借助"网红"及其大号进行营销，即将商品看似无意、实则有意地嵌入短视频的短剧、才艺表演、美食美景、日常记录等内容中。需要注意的是，不要太频繁地给商品以特写镜头，不要长时间宣传商品，以防止引起用户的反感。商品植入如图7-7所示。

图7-7 商品植入

其他广告植入还有台词植入、标牌植入、场景植入，等等。由于受众对广告有天生的抵触心理，把商品融入视频内容的做法，与前面几种硬性推销的策略相比，相对容易让人接受。台词植入如图7-8所示。

图 7-8 台词植入

三、学习任务小结

通过本次课的学习，学生掌握了短视频营销的概念、策略分类，明白了短视频营销对就业和发展的重要性。课后，同学们要将本次课所学知识点进行归纳与总结，为今后的学习打下基础。

四、课后作业

（1）列举短视频营销的知名案例，并说明它们使用了什么策略。

（2）分享自己对短视频营销的认识、计划，说说它对就业的作用。

短视频平台与算法解析

教学目标

（1）专业能力：进一步了解几个主要的短视频平台，以及它们的推荐算法。

（2）社会能力：培养学生的工匠精神、积极态度、好奇心、探究欲。

（3）方法能力：不同的短视频平台，其算法有所不同，所以要具体问题具体分析。

学习目标

（1）知识目标：掌握短视频平台算法的基本知识。

（2）技能目标：能够运用算法，有效推广自己的视频。

（3）素质目标：理解各短视频平台的算法，从而明白视频推广和传播的逻辑性、严密性。

教学建议

1. 教师活动

带领学生依次解析三大主要短视频平台的算法，并结合实际案例进行分析。引导学生进行讨论和交流，加深理解和认识。

2. 学生活动

认真聆听教师解析，积极参与讨论和交流，分析大号如何利用算法进行高效、快速的推广、"增粉"。课下时间，利用所学内容，自主尝试短视频的策划、创作和发布，增强播放效果。

一、学习问题导入

1. 基本逻辑

各个短视频平台的算法逻辑基本相同,就是"分发",给用户寻找作品,把作品推向用户,如图7-9所示。

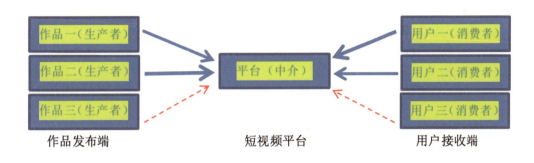

图 7-9 基本逻辑

2."三端"

(1)作品发布端:通过视频内容,包括画面、声音、字幕、地点、以往作品等体现视频的主题、类型、关键词等信息。

(2)用户接收端:平台收集用户之前的浏览、点赞、评论、分享、完播等行为数据,了解用户兴趣和爱好,给用户画像,并贴标签。

(3)平台推荐:根据作者的作品信息和用户分析,平台起到桥梁中介作用,把作者的作品推荐给有相关兴趣爱好的用户,给用户推送与之前看过的作品类似的作品。

那么,同一个账号,既发作品,又看作品;既是作品发布端,又是用户接收端,怎么厘清呢?当你发作品的时候,你是作者/生产者;当你浏览作品的时候,你又转换成了用户/消费者,根据你在平台两端的不同行为进行定位和分类。

浏览作品人人都会,创作作品个个喊难。作为专业教材,下面就三大主要短视频平台的流量分配算法进行解析。

二、学习任务讲解

(一)流量分配算法所依据的指标——以抖音为例

1. 关键数据

抖音等平台对单个视频的推荐,会考核5个关键数据。这些数据反映了用户对视频的喜爱程度和参与度。

1)完播率

$$完播率 = 完播量 / 播放量$$

完播率越高,说明视频对用户越具有吸引力。

提升对策举例:开头留悬念,也就是设置"钩子";引导打开评论区;宣称内有彩蛋。

2)点赞率

$$点赞率 = 点赞量 / 播放量$$

点赞率越高,推荐量越大,第一波推荐的点赞率至少要达到3%。

提升对策举例:利用某个事件或者某种道理引起情感共鸣;提高作品质量;倡导真善美,抨击假恶丑;制造让人忍俊不禁的笑点。

3）留言率

$$留言率（评论率）= 留言量 / 播放量$$

留言率的高低与视频类型有很大关系，留言率越高，加权推荐越高。

提升对策举例：埋设槽点；设置互动问题；引用热点话题。

4）转发率

$$转发率 = 转发量 / 播放量$$

想要突破流量层级，转发率是很关键的指标。

提升对策举例：作品包含赞扬爱情、亲情、友情等普适的价值观；公布一些不为人知的秘密、隐情。

5）收藏率

$$收藏率 = 收藏量 / 播放量$$

收藏率同样是冲击高级流量池的重要数据。

提升对策举例：发布实用的信息；作品的信息量较大，一次看不完；涉及以后有用的内容。

2. 赛马机制

赛马机制是整个算法的核心。在抖音的流量池中，大量视频都在争夺有限的曝光机会，这些视频来自不同的账号，形式五花八门，内容丰富多彩，处于激烈的竞争环境中。通过以上几个指标，平台判断创作者作品的优劣，优胜劣汰，就像赛马一样。表现优质的作品，会被推入下一个流量池，继续测算指标表现情况，进一步优胜劣汰。而表现低劣的作品，会慢慢减少推送，直到冷却。

抖音八大流量池播放量示意图如图7-10所示。

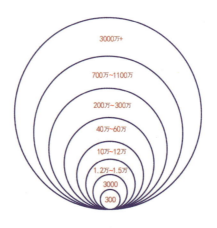

图7-10 抖音八大流量池播放量示意图（约略数值）

3. 初始流量

当视频上传到抖音等短视频平台时，系统会先给其一个基础的流量池，通常在0～200次之间，根据视频的点赞率、留言率、转发率、收藏率和完播率等指标，决定是否将该视频推送到更大的流量池中。

4. 叠加推荐

如果视频指标良好，系统会通过加权的方式给予更多的推荐，把视频推入一个更大的流量池，同时仍然考虑视频的上述指标，依此类推。

（二）流量池（菜单）分类——以快手为例

快手流量分配算法的核心是去中心化。去中心化旨在确保每个作品都能被分享。快手平台认为，每个人都值得被欣赏，大家都有可能成为别人关注的焦点，因此平台不会对特定账号给予特殊对待，无论是明星大咖还是普通百姓，无论身份如何，都给予同样的初始流量，使其平等地在快手上找到属于自己的舞台。所以，快手深得普通用户喜爱。以快手账号"技师学子"为例，该号专注于校园趣闻、学生生活，是学生和社会了解技师学院的一扇窗，如图 7-11 所示。

图 7-11 快手账号"技师学子"

1. 常规流量池（菜单）

1）关注

作品一旦发出，大多数推荐进入"关注"流量池，也就是推荐给关注了作者的粉丝，尤其是互动较多的"铁粉"。其中，最容易被推荐观看的，是在线的"铁粉"，这样能保证作品在第一时间被有潜在观看需求的用户所看到。

"关注"主页展示的是点赞量或者发布时间，二选一，哪个指标更优良就展示哪个。由此可见，点赞量和发布时间是"关注"流量池的核心指标。

"关注"如图 7-12 所示。

2）朋友

与"关注"不同，"朋友"流量池推荐的是互相关注的"朋友"。如果关注作者的粉丝没有被作者关注，也就是没有"互关"，无法称为"朋友"，那么作品就不能进入本页面，只能分发到前面的"关注"流量池推荐。

"朋友"如图 7-13 所示。

图 7-12 "关注"　　　图 7-13 "朋友"

3）同城

"同城"对应的流量池不限于作者所在的城市（地市），其范围可扩展至作者所在的省份。其中，最容易被推荐的是"所在位置/门店推广"的位置区域。离这个位置越近，越容易被推荐观看。

"同城"还有一点值得关注：作者的作品，也有可能在本流量池被展示给自己。"同城"主页展示的是点赞量、发布地点或者距离远近，三选一，哪个指标更优良就展示哪个。由此可见，点赞量、发布地点和距离发布位置的远近是"同城"流量池的核心指标。

"同城"如图7-14所示。

4）发现

"发现"对应的流量池是全平台，也就是说，理论上讲，只要作品足够优质，它就有机会让全平台的用户看到。"发现"主页上只展示点赞量。由此可见，点赞量是"发现"流量池的核心指标。

"发现"如图7-15所示。

图7-14 "同城"

图7-15 "发现"

5）其他常规流量池（菜单）

除以上常规流量池（菜单）外，快手还有"热门""生活""放映厅""直播""商城"等其他常规流量池（菜单）。

对于普通创作者来讲，进入以上流量池的难易程度是不同的。

（1）较容易：大多数作品可以进入"关注"和"朋友"，它们是紧紧围绕着创作者的人际关系推广的，具有一定的社交属性。

（2）一般难度：表现好一些的（作品展示给本人除外），或者普通作品的少许流量，可以进入"同城"，它具有一定的地域属性。

（3）较难：表现极为优质的作品才能进入"发现"，它是从全平台遴选出的优质作品。点赞量基本都在一千以上，几万、几十万为常态。作品具有较强的大众化属性。

2. 主题流量池（菜单）

快手在重大活动期间会设置主题流量池（菜单），以全面反映该社会热点事件。例如在巴黎奥运会期间设置了"奥运"主题流量池（菜单）。

主题流量池如图7-16所示。

3. 垂直领域流量池（菜单）

垂直领域流量池（菜单）在不同用户之间并不完全相同，每个账号仅展示其所属特定垂直领域的流量池（菜单），例如"校园"。需要说明的是，每个用户因为使用的版本不同，页面形式可能与此处介绍的略有不同，但是流量算法是一样的。

垂直领域流量池如图7-17所示。

图7-16 主题流量池

图7-17 垂直领域流量池

（三）从私域流量到公域流量——以视频号为例

1. 私域流量与公域流量

1）私域流量

创作者账号通过关注、被关注与用户建立起来的关系与触达。账号的每个作品，在受到平台分发影响相对较小的情况下，都可以通过这种关系形成向用户的直接传播。这就相当于，乘客坐公交车时，天天乘坐点对点的定制公交线路或者固定线路。

私域流量的主要流量池是关注、朋友。

私域流量的特点是社交性、用户主动性、直接性、稳定性、紧密性、可控性、集中性、相对量小性。

2）公域流量

账号创作者创作的作品的流量被平台集中管理，根据平台的算法进行分发，推荐给分散在全平台各个角落的用户。公域流量和用户都属于平台方，账号和创作者对公域流量的所有权和掌控权相对较低。这就相当于，乘客坐公交车，未确定坐哪一路，临时在站牌查阅，或者来了哪辆坐哪辆。

公域流量的主要流量池是"同城""发现""热门"等。付费加热大多为公域流量。

公域流量的特点是非社交性、用户被动性、间接性、不稳定性、松散性、不可控性、分散性、相对量大性。

私域流量与公域流量如图7-18所示。

图7-18 私域流量与公域流量

2. 视频号与抖音、快手的算法差异

抖音和快手的初始流量同时进入私域流量池和公域流量池，以私域流量为主，以公域流量为辅。而视频号的作品投放后，仅先在微信好友/粉丝的圈层传播，几乎是封闭的，也就是初始流量只是私域流量。要想获得进一步的流量，进入公域流量池，那么，就得靠初始流量指标的优异表现才能"出圈"。譬如视频号"大泽瞰万象"专注于航拍高楼大厦等地标性景点，给人以恢弘震撼的感受，如图7-19所示。

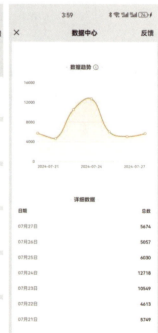

图7-19 视频号"大泽瞰万象"

3. 视频号的算法解析

第一，通过作者的粉丝/微信好友，先把点赞、转发、评论、收藏、完播做起来，最直接的方法就是邀请好友点赞、转发，也可以互关互赞，自己转发到微信群，尽量提升指标的表现。

第二，通过首次的传播进行扩散后，作品再辐射到外围社交圈。如果该视频观看效果比较好，受众非常认可，那么，他就会情不自禁地点赞并转发给他的好友，进一步辐射新的社交圈。

第三，当作者的视频在社交圈传播达到一定的流量阈值，触发平台指标设置要求，系统会推送到公域流量池，让更多陌生用户看到。

视频号的推荐机制，总的来说是从一个创作者的私域社交圈子，积累到足够流量，出圈到不同社交圈，进而成为爆款的过程。

三、学习任务小结

通过本次课的学习，学生了解到不同短视频平台的推荐算法有共通之处，也有具体差异，在发布视频时要注意。同时，学生掌握了赛马机制、初始流量、叠加推荐、私域流量、公域流量等专业术语，并能灵活运用。

四、课后作业

（1）根据以上所学内容，简述各短视频平台的算法机制。

（2）针对短视频平台推荐算法，自行发布视频并观察总结，撰写规律和心得。

内容分发优化与推广策略

教学目标

(1)专业能力:掌握短视频内容分发与推广的基本策略和方法。

(2)社会能力:培养学生适应快速变化的环境的能力,使其学会灵活应对市场和技术的变动,并调整策略以维持竞争力。

(3)方法能力:学生能够采用创新的方法和策略,通过实践探索有效的解决方案。

学习目标

(1)知识目标:理解跨平台分发的基本原理及具体操作步骤,从明确营销目标到选择合适的平台,再到制定内容策略。

(2)技能目标:能够根据不同的营销目标选择合适的平台,制定符合品牌形象的内容策略,并执行创意制作与数据分析,以优化营销效果。

(3)素质目标:具备创新思维能力,不断探索新的视频内容形式和创意表达方式,旨在吸引观众注意力并提高内容的吸引力。

教学建议

1. 教师活动

讲解内容分发优化与推广策略,并详细介绍不同短视频平台(如抖音、快手、小红书等)的特点和用户群体,帮助学生理解如何根据平台特点调整内容策略。引导学生进行讨论和交流,激发学生的学习兴趣。

2. 学生活动

认真聆听教师讲解,积极参与讨论和交流。利用课余时间自主尝试操作短视频的制作和发布,从内容创作到视频编辑,再到最终的上传和优化推广。

一、学习问题导入

在这个信息爆炸、内容为王的时代，短视频以其独特的魅力迅速崛起，成为连接品牌与消费者的重要桥梁。小红书、快手、抖音……这些耳熟能详的平台，不仅汇聚了海量的用户群体，更蕴藏着无限的市场潜力。然而，如何让短视频内容在这片红海中脱颖而出？答案就藏在"内容分发优化与推广策略"的深邃海洋之中。现在，就让我们一起扬帆起航，探索内容分发优化与推广策略的广阔天地，共同开启短视频营销的新篇章！

二、学习任务讲解

（一）内容分发优化

短视频内容分发优化是指对短视频内容在分发环节进行的系统性优化，旨在通过精准的推荐算法、多样化的分发渠道、有效的用户互动等策略，提升短视频的曝光量、观看时长、用户参与度及转化率，进而实现内容价值的最大化。内容分发优化的方法如下。

1. 基本方法

为了有效提升内容的影响力和传播力，可以采取以下四个基本策略：增加初始流量、增强用户互动、保持内容垂直深耕以及充分利用核心粉丝的优势。

（1）增加初始流量：首要任务是运用引人入胜的标题、融入热门标签以及把握发布时机等手段，以闪电般的速度吸引首批观众，为内容注入强劲的初始动能，进而触发一连串的传播涟漪。我们追求标题的独树一帜，运用新颖独特的视角激发潜在观众的好奇心，让他们在第一时间被深深吸引。同时，我们紧跟潮流趋势，巧妙地将热门标签融入内容之中，确保在信息的洪流中脱颖而出，成为用户关注的焦点。这一系列精心策划的举措，旨在迅速扩大内容的初始影响力，为后续的传播浪潮奠定坚实基础。

（2）增强用户互动：我们积极倡导并热情回应每一次用户互动——评论、点赞与分享，这些珍贵反馈不仅是用户对内容价值的认可，更是推动传播的关键力量。为此，我们可以定期策划创意问答、挑战赛与投票活动，增强用户的参与感与归属感，促使优质内容在用户间无缝传播，自然构筑起正向口碑的坚固基石。同时，巧妙设计互动环节，引导用户积极留言讨论，确保每条留言都能获得真诚及时的回应，从而提升用户满意度，激发更多互动，形成传播力与影响力持续攀升的良性循环。

（3）保持内容的垂直深耕：在内容创作的过程中，首要任务是明确并坚定地确立内容的定位，这意味着选择一个特定领域或核心主题作为深耕的基础，围绕此领域持续输出高质量、高价值的内容，精心构建专业且特色鲜明的品牌形象。内容的垂直性策略是核心，确保每部作品都与既定主题紧密相连，这不仅有助于内容系统精准捕捉作品并推荐给目标受众，还促使平台实现内容的精准标签化，确保用户推荐的高度契合。随着账号定位日益垂直，与特定受众的纽带愈发坚固，有效汇聚高质量受众，其积极反哺内容创作，推动质量与影响力的双重提升。同时，在领域内逐步树立权威并赢得信任，成为不可或缺的声音。长远视角下，这种积极形象的建立将极大促进内容的持续传播，形成良性循环。

（4）利用核心粉丝优势：培养忠实粉丝群体，他们的互动数据通常高于平均水平，对提高视频的推荐效果有显著帮助。"铁粉"越多，完播率和点赞、评论的转化率也会随之提高。因此，内容创作者需要在粉丝运营上投入更多精力，主动与粉丝互动，了解他们的需求和喜好，以增强粉丝的归属感和参与感，从而进一步增强内容的传播力和影响力。

2. 具体方法

一是明确账号定位。在短视频运营策略中，明确账号定位是至关重要的。一个精准的定位能够确保平台对账号内容的标签化更加准确，从而推荐相关度更高的用户群体，最大化视频的数据表现，形成正向循环。作为内容创作者或企业账号的运营者，必须注重内容的垂直度，专注于特定领域，以便算法能正确识别账号所属类别。因此，账号定位是短视频运营的核心，在初期就需要有清晰的规划，并避免随意更改。

二是制订中长期内容规划。在短视频账号运营的初期，互动数据通常较少。这主要是因为算法尚未对账号内容进行准确的标签化，且许多运营者在内容方向的选择上难以一步到位。通过不断发布作品并基于数据逐步优化内容策略，经过长时间的努力，运营者才能找到适合自己的运营方式。因此，对于运营者而言，制订一个中长期的内容生产计划尤为重要。这个过程需要逐步推进，不断优化和调整，以确保内容策略的有效性和可持续性。这不仅可以为系统算法提供更多时间来认识你的账号，还可以为内容策略留出足够的调整空间。

三是寻找对标账号。对于初涉短视频领域的内容创作者而言，与其自行在黑暗中摸索适宜的内容策略，不如先锁定一些对标账号。这些账号可以是同行业的竞争对手，抑或是行业内的领军者，甚至是其他行业中出类拔萃的短视频账号。在短视频运营的初始阶段，模仿堪称最佳学习途径。深入探究对标账号的过往视频，努力剖析那些爆款内容的特质，细致比对自身原定内容策略与这些账号之间的异同之处，进而为自身的视频创作之路指明方向，逐步走出一条具有自己特色的短视频创作之路，在竞争激烈的短视频领域中脱颖而出。

四是提升互动数据表现。其一，控制视频长度。在不同类型的视频中，都应秉持简洁传达信息的原则。例如，在美食制作类视频中，可以快速展示食材准备、关键制作步骤和成品，避免过多无关的细节描述和冗长的过程展示。对于一个简单的蛋糕制作视频，可在一分钟内清晰呈现搅拌面糊、烘焙及装饰成品的过程，让观众一目了然。其二，制作吸引人的视频预览。不同类型的视频可采用不同的方式在前十秒吸引观众。如在旅游风景类视频中，前十秒可以展示美丽的自然风光画面或者当地特色建筑的惊艳瞬间，迅速抓住观众的眼球。若是一个介绍海滨城市的视频，可在开头展示碧海蓝天、金色沙滩的壮丽景色，引发观众对后续内容的期待。其三，将重要信息置于视频末尾并提示用户。以知识科普类视频为例，在开头告知观众"结尾有惊喜知识点，一定要看到最后"，然后在视频中逐步引导观众的思维。比如在介绍宇宙奥秘的科普视频中，过程中引发观众对宇宙未知的好奇，最后在结尾处揭示一些最新的科学研究成果或者给出独特的观点，满足观众的求知欲，同时也促使他们进行评论、分享和点赞。

五是强化社交互动指标。一方面，可以通过精心设计内容和互动元素来激发观众的参与热情。比如在视频中巧妙设置一些有趣的问题，引发观众的思考和讨论；或者制造悬念，勾起观众的好奇心，促使他们持续关注以寻求答案；还可以增添互动环节，比如投票、问答挑战等，引导观众积极参与。积极回复观众的评论，能够营造出良好的社区氛围，让观众感受到被重视和关注，从而更愿意投入到互动中。创作具有共鸣性的内容，能够触动观众的情感，引发他们的分享欲望，进而促进转发。同时，可以通过明确的呼吁行动来增加点赞数，例如在视频中适时提醒观众"如果觉得这个视频有价值，就请点赞支持一下吧"。另一方面，建立私域流量池至关重要。可以通过建立微信群或社区等方式，加强与粉丝的联系。在私域流量池中，可以为粉丝提供专享福利，如提前观看新视频、参与抽奖活动等，吸引粉丝加入。当有新视频发布时，可以在私域流量池中同步转发内容，这样不仅增加了自有流量池，还确保了粉丝的精准性和高互动性。引导用户在评论区互动，设置特定内容环节激发留言，并积极回复评论，能够提高用户满意度和评论数量。此外，注重内容质量是关键，要满足用户需求，解决用户痛点，让用户更愿意保存和分享视频。具备社交价值的内容，如时事热点等，能进一步提高转发率。

总之，通过精心设计内容和互动元素、积极回复评论、创作共鸣内容、明确呼吁行动、建立私域流量池等多方面举措，可以显著提升视频的整体互动数据和表现。

（二）推广策略

1. 单平台推广策略

短视频单平台推广主要采用标签化推荐策略，短视频标签化推荐策略主要依赖于用户的兴趣标签和视频内容的标签，通过算法匹配这些标签来实现个性化推荐。这种策略的应用场景包括完全个性化推荐、标的物关联推荐（如相似视频推荐）和主题推荐。具体来说，短视频平台通过以下方式实现标签化推荐。

1）完全个性化推荐

根据用户的兴趣标签，为每个用户生成不一样的推荐结果。例如，电视猫视频通过实时个性化推荐系统，基于用户的兴趣画像，为用户推荐与其兴趣偏好相似的视频。这种推荐方式能够确保用户看到的内容与他们的兴趣高度相关，从而提高用户的满意度和平台的用户黏性。

2）账号标签和内容标签的建立

短视频创作者可以通过为账号和视频内容打上标签，来帮助平台更准确地理解内容主题和目标受众。例如，通过添加"行业/领域"话题标签、"内容"话题标签和"热门"话题标签，可以有效地为短视频带来精准推流。这些标签不仅有助于平台对视频进行分类，还能吸引更多与标签相关的人群，从而提高视频的曝光率和互动率。

3）多任务学习的应用

在短视频推荐系统中，多任务学习被用来同时预测多个指标，如点赞率、完播率和收藏率。这种技术能够提高推荐的准确性，确保推荐的短视频不仅符合用户的兴趣，还能预测用户的互动行为。多任务学习的应用不限于视频推荐，还可以应用于其他推荐场景，如电商的点击、转化以及信息流推荐的点击、点赞等。

以抖音的推荐机制为例，抖音通过智能推荐算法，根据视频的播放量、点赞、评论和转发等用户反馈数据，决定是否将视频推送给更多的人。这种机制包括首次分发、二次分发和三次分发，每次分发都基于用户的数据反馈进行加权和叠加推荐，从而实现精准推送。

综上所述，短视频标签化推荐策略通过结合用户兴趣标签、内容标签、多任务学习技术和智能推荐算法，实现了对用户的个性化推荐，提高了用户体验和平台的互动率及用户黏性。

2. 跨平台推广策略

跨平台分发的基本原理是将内容分发至多个短视频平台，实现内容的快速传播和广泛覆盖。这不仅可以节省创作者的时间和精力，还能确保内容在不同平台间的同步更新。将多个短视频平台、账号、内容等纳入统一管理，可实现跨平台、跨账号的内容同步、数据共享和协同操作，从而提高内容创作和发布的效率。

短视频跨平台推广策略主要包括明确营销目标、选择合适的平台、制定内容策略、创意制作与执行、数据分析与优化，以及跨平台整合传播。

（1）明确营销目标：在制定短视频营销策略之前，首先要明确营销目标是提高品牌知名度、增加产品销量，还是提升用户黏性、增强品牌影响力。只有明确了目标，才能有针对性地制定策略。

（2）选择合适的平台：短视频平台众多，每个平台都有其独特的用户群体和内容特点。在选择平台时，要充分考虑目标受众的喜好和平台特性，选择合适的平台进行推广。

（3）制定内容策略：内容是短视频营销的核心。在制定内容策略时，要注重创意性，能够吸引用户的注意力。同时，内容要与品牌形象相契合，传达出品牌的核心价值。

（4）创意制作与执行：在创意制作与执行阶段，要注意视频拍摄、剪辑与后期处理，以及音效与配乐，确保视频具有较高的观赏性和传播力。

（5）数据分析与优化：通过对数据的分析，可以了解用户喜好、观看习惯等信息，为优化内容提供依据。同时，要关注用户反馈，及时调整策略，提高营销效果。

（6）跨平台整合传播：将短视频内容同步到多个平台，形成传播矩阵。同时，可以利用社交媒体、KOL合作等方式扩大传播范围，提高品牌曝光度。

综上所述，短视频跨平台推广策略需要综合考虑营销目标、平台选择、内容创意、数据分析等多个方面，通过精心策划和执行，实现营销效果的最大化。

三、学习任务小结

通过本次课的学习，学生明白了如何优化短视频内容分发以提升关键指标，如曝光量和用户参与度。学生了解了增强用户互动、保持内容垂直性和利用忠实粉丝等策略，以及单平台推广的标签化推荐机制和跨平台推广的策略制定。这些知识将帮助学生更有效地执行内容分发策略，实现内容价值最大化。

四、课后作业

选取一个热门短视频平台（如抖音、快手等），观察至少 3 个不同领域的热门账号，记录它们的视频特点、使用标签、发布时间等因素。尝试总结这些因素如何帮助视频获得更多曝光。

用户互动与社区管理

教学目标

（1）专业能力：学习创作优质内容，运用互动形式和激励机制提升用户参与度。了解 KOL 合作和平台推荐算法，以扩大品牌影响力。

（2）社会能力：培养沟通反馈技巧，与用户建立良好关系。增强团队合作意识，与其他团队成员协作提升运营效果。学习跨平台合作，共同推广内容和品牌。

（3）方法能力：掌握数据分析技术，了解用户需求，优化推荐策略。学会精细化内容审核，确保社区健康。了解违规处理机制，及时回应用户反馈和投诉。

学习目标

（1）知识目标：理解优质内容创作的基本原理和策略。学习不同的用户互动形式及其应用场景。了解 KOL 合作的重要性及实施方法。掌握激励机制的设计原则和实施步骤。认识平台算法推荐机制的工作原理。

（2）技能目标：能创作出具有创意、实用性和情感共鸣的短视频内容。运用各种互动形式激发用户参与和创作。与网红、意见领袖建立合作关系，提升品牌曝光度。设计并实施有效的激励机制，促进用户积极参与。利用平台推荐算法将优质内容展示给更多用户。

（3）素质目标：培养良好的沟通和反馈能力，与用户建立积极的互动关系。增强团队合作意识，与其他团队成员共同提升运营效果。发展跨平台合作的能力，共同推广优质内容和品牌。具备用户教育和引导的能力，帮助新用户快速融入社区。

教学建议

1. 教师活动

设计并实施针对优质内容创作的教学计划，包括理论讲解和案例分析。指导学生学习不同的用户互动形式，并通过实践操作加深理解。介绍 KOL 合作的重要性及实施方法，组织模拟 KOL 合作活动。教授激励机制的设计原则和实施步骤，引导学生进行小组项目实践。解析平台算法推荐机制的工作原理，通过实例演示加深学生理解。

2. 学生活动

参与课堂讨论，分享对优质内容创作的理解和经验。实践运用各种互动形式，设计并执行用户互动方案。参与模拟 KOL 合作活动，体验合作过程并总结经验教训。分组进行激励机制设计，展示并评估各组的项目成果。分析平台算法推荐机制的案例，提出优化建议并进行小组分享。

一、学习问题导入

我们已经学习了短视频内容分发优化与推广策略。在短视频营销与传播时,如何与用户互动?如何进行社区管理呢?带着这些疑问,在今天的课堂上我们继续学习用户互动与社区管理。

二、学习任务讲解

短视频营销与传播中的用户互动与社区管理是两个相辅相成的关键方面,它们对于提升用户黏性、增强品牌影响力以及促进内容传播具有重要作用。以下是对这两个方面的详细探讨。

(一)用户互动

用户互动是短视频营销与传播的核心环节,通过增强用户与内容的互动,可以有效提升内容的传播效果和用户的黏性。

1. 优质内容吸引

优质内容是吸引用户互动的基础。短视频应具有创意、实用性和情感共鸣,能够迅速抓住用户的注意力并激发其互动欲望。结合热点话题和流行趋势,创作出有趣、有料、有用的短视频内容,以吸引更多用户的关注和参与。

2. 互动形式创新

运营者可以不断创新互动形式,如设置话题挑战赛、互动问答、用户投票等,鼓励用户参与创作相关内容。这能够激发用户的创作热情,增加用户之间的互动和交流。

在视频中加入互动元素,如弹幕评论、评论区互动、实时投票等,让观众能够更直接地参与到视频内容中,增强互动体验。

3. KOL 合作

与知名度高的网红、意见领袖合作,借助其影响力提升用户互动。KOL 的推荐和互动能够迅速吸引大量用户关注,提高品牌曝光度。

4. 激励机制

通过积分、奖品等形式激励用户互动。例如,设立创作挑战赛、颁发创作激励金等,激励用户积极参与内容创作和互动。

5. 及时反馈与沟通

及时回复用户评论和私信,与用户建立良好的互动关系,提高用户满意度和忠诚度。通过与用户的有效沟通,了解用户需求和反馈,不断优化内容和服务,提升用户体验。

6. 激励措施

通过举办创作比赛、提供激励措施(如奖品、优惠券等)方式,鼓励用户积极创作和分享优质内容。利用平台算法推荐机制,将用户生成的优质内容进行展示和推广,进一步激励用户参与互动。

(二)社区管理

社区管理是短视频平台保持秩序、提升用户体验的重要手段。良好的社区管理能够营造积极向上的社区氛围,促进用户之间的互动和交流。

(1)制定明确的社区规则:包括内容发布标准、用户行为规范、违规行为处理等,确保每个用户了解并遵守。

这些规则应公开透明，便于用户理解和执行。

（2）建立完善的内容审核机制：通过人工和技术手段对用户上传的内容进行审核，及时发现并处理违法、低俗、恶意攻击等不良内容。这有助于保障用户权益和社区健康。

（3）设立举报机制：鼓励用户举报不良内容和行为，设立专门的举报处理团队及时处理用户举报。对于积极举报的用户，可给予相应的奖励和信任加持，激励更多用户参与社区管理。

（4）个性化推荐：根据用户的兴趣、观看历史等信息，为用户个性化地推荐适合其口味的内容。这有助于提升用户的满意度和黏性，促进内容的传播。

（5）用户关系维护：通过活动、比赛等形式激发用户间的互动，提高社区活跃度。同时，建立官方账号，定期发布信息、解答用户问题、了解用户需求，维护良好的用户关系。

（6）数据分析与用户洞察：定期分析用户行为数据、挖掘用户需求，了解用户对平台的满意度和改进意见。这有助于进行精细化的用户黏性管理，优化用户体验和内容策略。

（三）具体措施

在短视频营销与传播中，关于用户互动与社区管理的具体措施，可以进一步细化和补充如下。

1. 用户互动具体措施

（1）内容共创：发起话题挑战或UGC（用户生成内容）活动，邀请用户围绕特定主题创作短视频，增加用户参与度和内容多样性。设立"最佳创意奖""最受欢迎奖"等奖项，对优秀作品进行表彰和奖励，激发用户的创作热情。

（2）互动工具运用：利用直播功能，与用户进行实时互动，回答用户问题，增强用户黏性。在视频中嵌入互动元素，如弹幕、投票、问答等，提高用户参与度和观看体验。

（3）社群建设：建立官方社群（如微信群、QQ群、小红书社群等），方便用户之间的交流和互动。定期在社群内举办线上活动，如知识分享会、问答环节等，增强社群凝聚力。

2. 社区管理具体措施

（1）精细化内容审核：采用智能审核系统与人工审核相结合的方式，对上传的短视频进行快速、准确的内容审核。设立内容分级制度，对不同类型的内容进行差异化处理，确保社区内容的多样性和健康性。

（2）违规处理机制：明确违规行为的定义和处罚标准，对发布违法、低俗、暴力等不良内容的用户进行严厉处罚，如删除内容、限制账号功能、封禁账号等。建立黑名单制度，将违规严重的用户列入黑名单，禁止其再次注册和使用平台。

（3）用户教育引导：通过平台公告、用户手册、社区规范等方式，向用户普及社区规则和用户行为规范。对新用户进行入门引导，帮助其快速了解平台功能和社区文化。

（4）反馈与投诉处理：设立专门的客服团队和反馈渠道（如在线客服、投诉邮箱、社交媒体等），及时回应用户的咨询和投诉。对用户反馈的问题进行分类处理，对合理化建议及时采纳并改进，不断提升用户满意度。

（5）数据分析与优化：利用大数据分析技术，对用户行为数据进行深入挖掘和分析，了解用户需求和偏好。根据数据分析结果，优化内容推荐算法和社区管理策略，提升用户体验和社区活跃度。

（6）合作与联动：与其他短视频平台、社交媒体、电商平台等进行合作与联动，共同推广优质内容和品牌。举办跨平台活动或挑战赛，吸引更多用户参与和关注，扩大品牌影响力和用户基础。

三、学习任务小结

本节课我们深入探讨了短视频营销与传播中的用户互动与社区管理，了解了用户互动的方法和社区管理的方式方法。通过分析用户互动的各种方式，我们认识到短视频作为一种新兴媒介形式，应适应现代人的生活节奏和信息消费习惯。同时，我们也充分了解了如何利用各种方法来增强用户的黏性。通过对这些方法的学习，我们可以更好地理解用户互动与社区管理内容的丰富性和多样性。

四、课后作业

（1）请简述用户互动与社区管理分别有哪些方式方法。

（2）研究至少两个不同平台的社区管理，并分析它们各自的目标群体以及使用的管理技术和方法。写下你的观察报告，比较这两个平台在吸引观众方面的异同。

数据分析与效果评估

教学目标

（1）专业能力：了解短视频数据分析的重要性，深入理解短视频营销效果评估指标。

（2）社会能力：数据分析与效果评估要求学生不断尝试新的方法和技术，优化现有策略，这有助于激发学生的创新意识，培养学生的实践能力，为学生未来的职业发展奠定坚实的基础。

（3）方法能力：通过数据分析和效果评估的学习，培养学生严谨的逻辑思维，使其掌握数据分析的基本技巧和方法，提高数据分析的准确性和效率。

学习目标

（1）知识目标：理解数据分析概念，精通效果评估指标。

（2）技能目标：应用数据分析工具进行数据分析实践，制定优化策略并评估效果。

（3）素质目标：培养强烈的数据意识，认识到数据在短视频营销与传播中的重要性，习惯用数据来指导决策和评估效果。保持持续学习的态度，关注短视频营销与传播领域的最新动态和技术发展，不断提升自己的专业素养和综合能力。

教学建议

1. 教师活动

讲解短视频营销的数据分析与效果评估，教师应明确数据分析与效果评估的教学目标，包括学生应掌握的数据分析方法、理解的关键指标以及能够制定的优化策略等。引导学生进行讨论和交流，激发学生的学习兴趣。

2. 学生活动

认真聆听教师讲解，积极参与讨论和交流。掌握数据分析工具的使用，能够独立完成数据分析报告，并提出基于数据的优化建议。

一、学习问题导入

短视频营销风靡,但如何评估其是否成功?仅看观看次数是不够的,还需考虑互动、转化等。数据从何而来?平台工具如何利用?海量数据如何高效分析?分析结果如何转化为行动?如何确保数据准确可靠?本次课程将解答这些问题,带你掌握短视频数据分析和效果评估方法,用数据指导策略,在竞争中脱颖而出。

二、学习任务讲解

下面我们将从理解数据分析的重要性开始,逐步引导大家掌握数据分析的基本方法和工具,熟悉关键评估指标,并学会制定效果评估策略。同时,我们还将通过实践案例的分析,让大家更直观地感受数据分析在短视频营销中的实际应用和价值。

1. 理解数据分析的重要性

首先,我们需要明确数据分析在短视频营销中的核心地位。数据分析不仅能够帮助我们了解短视频的传播效果,还能指导我们优化营销策略,提高营销效率。通过数据分析,我们可以更精准地定位目标受众,了解他们的兴趣和偏好,从而制作出更符合他们需求的短视频内容,如图7-20所示。

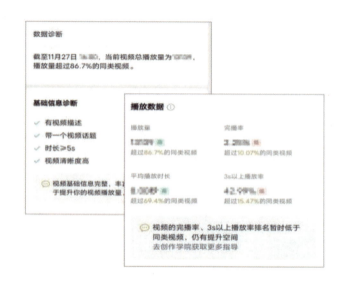

图7-20 数据分析图

2. 掌握数据分析的基本方法

(1)数据收集:我们需要了解如何从不同的渠道收集短视频营销数据,包括短视频平台自带的数据分析工具、第三方数据分析平台以及市场调研等。

(2)数据清洗:在收集到原始数据后,需要对数据进行清洗和整理,去除无效、重复或错误的数据,确保数据的准确性和可靠性。

(3)数据分析:利用统计软件或短视频数据分析工具,对清洗后的数据进行深入分析,包括描述性统计、相关性分析、回归分析等,以提取有价值的信息。

数据分析工具如图7-21所示。

3. 熟悉关键评估指标

在短视频营销中,常见的评估指标包括以下方面。

(1)曝光量:短视频在一定时间内被用户观看或收听的次数。

图7-21 数据分析工具

（2）点击率：用户在看到短视频后点击观看的比例。

（3）互动率：衡量用户在观看短视频后产生互动行为的比例，如点赞、评论、分享等。

（4）转化率：用户在观看短视频后完成特定目标操作的比例，如购买产品、下载应用等。

（5）完播率：衡量用户观看短视频的完整程度。

学生需要熟悉这些指标的含义和计算方法，并理解它们在评估短视频营销效果中的作用。

短视频数据指标如图7-22所示。

4. 制定效果评估策略

需要根据实际情况制定效果评估策略，包括确定评估目标、选择合适的评估指标、设计评估方案等。同时，还需要学会利用数据分析结果来指导营销策略的优化和调整，如调整内容方向、优化投放时间、改进互动方式等。效果评估策略如图7-23所示。

图 7-22 短视频数据指标

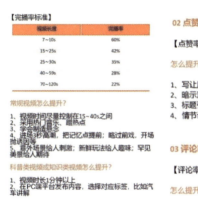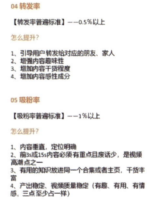

图 7-23 效果评估策略

5. 优化策略

根据数据分析和效果评估的结果，可以制定针对性的优化策略，具体如下。

（1）优化内容策略：根据用户喜好和反馈调整内容主题、风格、呈现方式等。

（2）调整投放策略：根据不同渠道和受众的特点调整投放时间和方式。

（3）提升用户体验：优化产品功能和服务质量，提高用户满意度和忠诚度。

6. 实践案例分析

通过实践案例分析，可以更直观地了解数据分析在短视频营销中的应用。选取典型的短视频营销案例，运用思维导图展示数据分析过程和效果评估方法，以及案例中的成功经验和不足之处。通过案例分析，可以更好地掌握数据分析与效果评估的技能和方法。以下以短视频博主"康仔农人"为例，对其进行数据分析与效果评估，如图7-24所示。

根据以下模板选择一位感兴趣的短视频博主进行数据分析及效果评估，如图7-25所示。

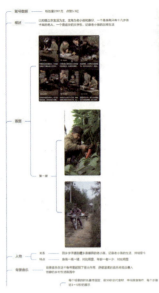

图 7-24 实践案例分析

- 账号介绍
  - 基础信息
    - 抖音主页
      - 名称：XX
      - 简介：XX
      - 背景图：加群或私信送299元精读课
      - 教育培训类别，未签MCN
    - 人设定位
      - 抖音350W人职场导师
    - 数据总览
      - 2021.8.21发布第一条作品
      - 432W粉丝
        - 180天数据：从5月16日176.7W 涨到10月31日432.1W。半年涨幅255.4W粉丝，日均1.41W
        - 10月20日开始掉粉，其间作品数据下滑严重。
      - 发布637条作品，2280W获赞
        - 180天数据：半年发布152条作品，平均点赞2.9W，中位数为1.3W
      - 半年直播141次，场均观看2.3W，总销售额100万~250万元
        - 上架34件商品。【图书+课程】
        - 带货转化率：0.28%
        - 场均销量50~75，总销量7500~10000
        - 场均销售量1W~2.5W，总销售额100万~250万元
        - 场均UV价值0.49，客单价177元
    - 其他平台
      - 小红书【XX】：149笔记，1.6W粉，5.2W赞藏，分发视频
      - 头条号【XX】：382个作品，9.7W粉，25W获赞，分发视频
      - 公众号、视频号【XX】：2022.8.26开始更新，公众号头条平均阅读1000；视频号更新106条视频，最近有10场直播，分发视频
      - 知乎【XX】：9689粉丝，最后更新2018.08

- 粉丝画像
  - 粉丝数：432W，直播间粉丝团：2.1W
  - 账号粉丝性别占比：男55%，女45%。
    - 男性居多，31~40、24~30岁居多，广东、江苏、山东居多
    - 年龄分布

  - 视频观众性别占比：女60%，男40%。
    - 女性居多，31~40、24~30岁居多，广东、北京、江苏居多，北京、上海、深圳居多
    - 年龄分布

  - 直播观众性别占比男38%，女62%。
    - 女性居多，31~40、24~30岁居多，北京、广东、江苏居多，北京、上海、深圳居多
    - 年龄分布

  - 180天粉丝变化趋势（5.16-10.31）

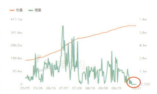

图 7-25 数据分析与效果评估

三、学习任务小结

本次课学习了短视频数据分析的重要性,以及短视频营销效果评估指标。数据分析与效果评估都有一定的方法和技术,优化现有策略,有助于理性分析短视频的营销效果。课后,大家要通过实践学习和研究数据分析的方法。

四、课后作业

(1)列举短视频营销的知名案例,进行数据分析,填写表 7-1。

(2)阐述短视频营销数据分析与效果评估对自身运营短视频账号有何作用。

表 7-1 数据分析表

数据分析	粉丝数		播放量		点赞量		收藏量	
	转发量		评论量		历史作品量		视频时长	
	点赞量		发布时间		发布频次		文章字数	
	单品热词							
	总体热词							
	评论关键词							
	对标要素							

参考文献

[1] 李良荣．网络与新媒体概论[M]．2版．北京：高等教育出版社,2019.
[2] 李四达．数字媒体艺术概论[M]．4版．北京：清华大学出版社,2020.
[3] 周清平．"互联网"+时代的现代影像艺术[M]．北京：新华出版社,2017.
[4] 窦文宇．内容营销：数字营销新时代[M]．北京：北京大学出版社,2021.
[5] 张西华．市场调研与数据分析[M]．杭州：浙江大学出版社,2019.
[6] 李绯，李斌，等．数字音视频资源的设计与制作[M]．北京：清华大学出版社,2010.
[7] 石强．精益数据分析：数据驱动商业决策与业务增长[M]．北京：机械工业出版社,2024.
[8] 张蓝姗．短视频创意与制作（微课版）[M]．北京：清华大学出版社,2023.
[9] 王翎子．短视频创作：策划、拍摄、剪辑[M]．北京：人民邮电出版社,2021.